职业教育课程创新精品系列教材

钳工工艺与技能训练
（第2版）

主　编　王　莉　闫其前　冯泽虎
副主编　范素丽　王　伟　翟慎良
参　编　高　全　孙国栋　刘俊峰　苗宏建
主　审　张博群

北京理工大学出版社
BEIJING INSTITUTE OF TECHNOLOGY PRESS

内 容 简 介

本教材结合企业的生产实际情况和学生的认知特点及规律，采用"理实一体化"训练法优化教材内容。教材以知识目标和技能目标为主线，兼顾国家职业技能鉴定的标准和要求，架设两大模块（理论知识篇、综合实训篇），共包含 15 个课题，10 个实训，将钳工工艺知识与基本技能训练有机地结合起来，用理论指导实践，用实践验证理论。

本教材可供职业院校装备制造大类专业的钳工课程教学使用，也可供中高职衔接装备制造大类专业钳工课程教学使用，还可用于企业新入职员工培训。

版权专有　侵权必究

图书在版编目（CIP）数据

钳工工艺与技能训练 / 王莉，闫其前，冯泽虎主编.
-- 2 版. -- 北京：北京理工大学出版社，2024.4（2024.11 重印）.
ISBN 978-7-5763-3801-0

Ⅰ.①钳…　Ⅱ.①王…②闫…③冯…　Ⅲ.①钳工-工艺学-教材　Ⅳ.①TG9

中国国家版本馆 CIP 数据核字（2024）第 075494 号

责任编辑：张鑫星　　**文案编辑**：张鑫星
责任校对：周瑞红　　**责任印制**：施胜娟

出版发行 / 北京理工大学出版社有限责任公司
社　　址 / 北京市丰台区四合庄路 6 号
邮　　编 / 100070
电　　话 /（010）68914026（教材售后服务热线）
　　　　　　（010）63726648（课件资源服务热线）
网　　址 / http://www.bitpress.com.cn

版 印 次 / 2024 年 11 月第 2 版第 2 次印刷
印　　刷 / 定州市新华印刷有限公司
开　　本 / 889mm×1194mm　1/16
印　　张 / 14
字　　数 / 302 千字
定　　价 / 49.80 元

图书出现印装质量问题，请拨打售后服务热线，负责调换

前言

在当今快速发展的工业时代，职业教育的重要性日益突显，职业教育的教材编写面临着更新迭代的需求，以适应工业和技术发展带来的新岗位需求。钳工技能作为装备制造领域的基础，对技术人才的培养提出了更高的要求。教材编写团队在深入研究教学理念和行业需求的基础上，精心设计了本教材的内容和结构。

本教材结合企业的生产实际情况和学生的认知特点及规律，采用"理实一体化"训练法优化教材内容。教材以知识目标和技能目标为主线，兼顾国家职业技能鉴定的标准和要求，将钳工工艺知识与基本技能训练有机地结合起来，用理论指导实践，用实践验证理论。

为满足现代职业教育需求，采取的主要编辑策略如下：

1. 理实一体化训练法：将理论知识与实际操作紧密结合，采用"理实一体化"的教学方法，以促进学生更深地理解钳工工艺的知识，并通过实际操练来巩固和运用这些知识。

2. 以知识目标与技能目标为主线：本教材围绕知识目标和技能目标组织内容，同时融合国家职业技能鉴定的标准和要求，以确保学生所学技能的标准化和专业化。

3. 结构化的教材设计：构建了包含理论知识篇和综合实训篇两大模块，设计了15个课题和10个实训，使学生能够通过理论学习与实践操作相结合的方式，逐步掌握钳工工艺与技能。

4. 实用性的知识体系：本教材舍弃了过于复杂和过时的知识，适应现代企业岗位需求，遵循"理论够用，技能实用"的原则，专注于培养学生的实际操作技巧，使其适应企业的实际工作需求。

5. 明确的学习目标和任务导向：训练任务都设定了明确的学习目标，并通过"任务分析""加工准备""任务实施""任务评价"和"任务小结"等环节，采用分组训练的模式，营造"传帮带"学习氛围，实现"做中学"。

6. 广泛的适用性：本书不仅适用于职业院校的钳工课程教学，还可用于中高职衔接的加工制造类专业以及企业新入职员工的培训，具有较广的应用范围。

全书由淄博理工学校王莉、闫其前和淄博职业学院冯泽虎任主编，淄博理工学校范素丽、王伟、翟慎良任副主编，淄博火炬机电设备有限责任公司首席技师高全、淄博理工学校孙国栋和刘俊峰、淄博淄柴新能源有限公司高级技师苗宏建任参编，淄博理工学校张博群任主审。具体分工为：王莉老师编写了模块一和模块四、闫其前老师编写了模块二和综合实训、王伟老师编写模块三，翟慎良老师编写了模块五，孙国栋老师编写了模块六、刘俊峰老师对全书图样进行了绘制和处理，范素丽老师编写了课后习题，冯泽虎教授编写了阶段性实训项目，高全老师和苗宏建老师对全书进行了实际应用层面的把关。淄博理工学校的高伟老师对教材的编写提供了大量的帮助，在此一致表示感谢。

本教材是编者团队为适应新时代职业教育的需求，培养实用技能型人才，结合企业实际生产情况和学生认知特点精心编写的。我们相信，通过本教材的学习，学生将能够获得系统的职业技能训练，掌握钳工工艺的核心技能，为未来的职业生涯奠定坚实的基础。

编　者

拓展提升答案汇总

目 录
CONTENTS

理论知识篇

模块一　走进钳工 ·· 2

　课题一　钳工概述 ··· 3
　课题二　认识钳工常用设备及工具 ·· 6
　课题三　钳工常用量具 ·· 12
　课题四　识读钳工零件图 ··· 27
　阶段性实训　拆卸台虎钳和测量工件 ······································· 32
　拓展提升 ··· 43

模块二　划线 ··· 50

　课题一　正确使用划线工具 ··· 51
　阶段性实训　划正六边形、五角星 ··· 62
　拓展提升 ··· 70

模块三　锯削 ··· 75

　课题一　锯削工具 ·· 76
　课题二　锯削不同的材料 ··· 79
　阶段性实训　锯削凸形件 ·· 84

1

  拓展提升 ·· 91

模块四　锉削 ·· 95
  课题一　正确使用锉削工具 ··· 96
  阶段性实训　锉削四方体 ··· 108
  拓展提升 ·· 113

模块五　孔加工 ·· 123
  课题一　孔加工设备和工具 ··· 124
  课题二　钻孔 ·· 129
  课题三　扩孔和锪孔 ·· 138
  课题四　铰孔 ·· 141
  课题五　錾削 ·· 146
  阶段性实训　工字形锉配件的加工 ·· 151
  拓展提升 ·· 159

模块六　攻螺纹和套螺纹 ·· 167
  课题一　攻螺纹 ··· 168
  课题二　套螺纹 ··· 175
  阶段性实训　六角螺母的制作 ·· 177
  拓展提升 ·· 183

综合实训篇

综合实训七　凹形锉配件 ·· 189
综合实训八　四方锉配件的加工 ·· 196
综合实训九　制作燕尾配合件 ··· 202
综合实训十　V形圆弧锉配件 ··· 211

参考文献 ·· 218

理论知识篇

模块一

走 进 钳 工

 模块概述

钳工主要是利用各种钳工工具或设备，按照技术要求对工件进行加工、修整、装配的工种。由于钳工的基本操作大多在台虎钳上进行，故称钳工。钳工具有工具简单、操作灵活方便、适应面广等特点。其基本操作包括零件的测量、划线、錾削、锉削、锯削、钻孔、攻螺纹、套螺纹、刮削、研磨等。

模块目标

知识目标

1. 了解钳工的重要性和工作范围。
2. 掌握钳工的分类、基本操作技能及安全文明生产要求。
3. 认识钳工的常用设备、工量具及钳工实训场地的管理。
4. 掌握钳工的零件图的识读方法。

技能目标

正确穿戴工作服、安全帽，遵守钳工的安全生产规程；掌握砂轮机、台虎钳、手电钻的操作和保养方法。

素养目标

能够遵守操作规程，具有良好的工作习惯与职业道德，培养不怕累、勇于挑战的劳动精神；有团队协作意识和工匠精神，能够与他人共同完成任务并进行有效的沟通与交流。

课题一　钳工概述

钳工是现代机械领域中为数不多的靠手工来完成的工种。钳工是半脑力半体力的劳动，很多零件都是靠大脑来构思、设计，最后用手工来完成制造、检测、装配的。在机器代替人的大趋势下，现代加工设备能制造高精度的零部件，但最终还是要靠钳工来完成装配，机器的精度主要靠钳工来实现。如果机器的装配精度达不到要求，那么它的使用寿命就不可能达到预期。可见，钳工是机械制造业中不可或缺的工种。

一、钳工的重要性

钳工工件加工是机械制造中最古老的金属加工技术。在古代，各种金属制品都是由当时的铁匠（类似现在的铸工和锻工）来制作的。随着生产力的不断发展，加工工艺也有所发展，于是在新工艺的基础上有了新的分工。到了15世纪左右，钳工工艺便从金属加工工艺中独立出来，成为一类专门的工种。2004年《国家职业标准》将钳工职业划分为装配钳工、机修钳工和工具钳工三类。

钳工是现代机械制造业中不可缺少的工种。19世纪以后，随着各种机床的发展和普及，虽然大部分钳工操作逐步实现了机械化和自动化，但在机械制造过程中钳工仍是广泛应用的基本技术，其原因是：划线、刮削、研磨和机械装配等钳工操作，至今还没有适当的机械化设备可以全部代替；某些最精密的样板、模具、量具和配合表面（如导轨面和轴瓦等）的加工制作，机械方法不适宜或不能解决，仍需要依靠钳工手工完成；在单件小批生产、修配工作或缺乏设备的情况下，采用钳工制造某些零件仍是一种经济实用的方法。钳工以手工操作为主，灵活性强、工作范围广。小到常见的一把钥匙，大到复杂的高速列车，它们的加工、装配和维修都离不开钳工，且钳工的好多专业技能正逐渐地由职业技能转变为生活技能，车工、铣工、刨工、磨工、电工等很多工种在学习专业技能之前一般也都要先学习一些钳工的基本操作技能。正是因为人们的工作和生活都离不开钳工，因此钳工有着"万能工"的美誉。

二、钳工的工作范围

1. 零件的制造

有些零件，尤其是外形轮廓不规则的异形零件，在加工前要经过钳工的划线才能投入切削加工；有些零件的加工表面，采用机械加工的方法不太适宜或不能解决，这就需要通过钳工来完成。

2. 精密工具、夹具、量具的制造

在工业生产中，常会遇到专用工具、夹具、量具的制造问题。这类用具的特点是单件、加工表面畸形、精度要求高，用机械加工有困难，此时可由钳工来完成。

3. 机械设备的装配调试

零件加工完毕，钳工要进行部件组装和整机装配，而后根据设备的工件原理和技术要求进行调整和精度检测，还要进行整机试运行，发现问题并及时解决。

4. 机械设备的维修

机械设备在运动中不可避免地会出现某些故障，这就需要钳工进行修理；机械设备使用一定时间后，会因为严重磨损而失去原有精度，需要进行大修，这项工作也由钳工来完成。

◇ **工匠故事**

顾秋亮："蛟龙号"上的"两丝"钳工

"蛟龙号"是中国首个大深度载人潜水器，有十几万个零部件，组装起来最大的难度就是密封性，精密度要求达到了"丝"级（0.01 mm）。而在中国载人潜水器的组装中，能实现这个精密度的只有钳工顾秋亮，也因为有着这样的绝活儿，顾秋亮被人称为"顾两丝"。43 年来，他埋头苦干、踏实钻研、挑战极限，追求一辈子的信任，这种信念，让他赢得潜航员托付生命的信任，也见证了中国从海洋大国向海洋强国的迈进。

三、钳工实训场地管理

1. 钳工场地规则

钳工的工作场地是供一人或多人进行钳工操作的地点。对钳工工作场地的要求有以下几个方面：

（1）主要设备的布局应合理适当。钳工工作台应放在光线适宜、工作方便的地方。面对面使用钳工工作台时，应在两个工作台中间安置安全网。砂轮机和钻床应设置在场地边缘，以保证安全。

（2）正确摆放毛坯和工件。毛坯和工件要分别摆放整齐、平稳，并尽量放在工件搁架上，以免磕碰。

（3）合理摆放工具、夹具和量具。常用工具、夹具和量具应放在工作位置附近，便于随时取用，不应任意堆放，以免损坏。工具、夹具和量具用完后应及时清理、维护和保养，并妥善放置。

（4）工作场地应保持清洁。工作完毕后要对设备进行清理、润滑、保养，并及时清扫场地。

2. 现代企业管理制度

5S管理办法起源于日本，是指在生产现场对人员、机器、材料、方法、信息等生产要素进行有效管理，这是日本企业独特的管理办法。因为整理（Seiri）、整顿（Seiton）、清扫（Seiso）、清洁（Seiketsu）、素养（Shitsuke）在罗马拼音中第一个字母都为"S"，所以简称为5S。近年来，随着人们对这一管理认识的不断深入，又添加了安全（Safety）、节约（Save），分别称为6S、7S。

（1）整理：增加作业面积、物流畅通、防止误用等。

（2）整顿：工作场地整洁明了、一目了然，减少取放物品的时间，提高工作效率，保持井然有序的工作秩序。

（3）清扫：清除工作场地内的脏污及作业区域的物料垃圾，保持工作场地干净、明亮。

（4）清洁：使整理、整顿和清扫工作成为一种惯例和制度，是标准化的基础，也是各企业形成企业文化的开始。

（5）素养：让员工成为一个遵守规章制度，并具有良好工作素养和习惯的人。

（6）安全：保障员工的人身安全，保证生产连续、安全、正常地进行，同时减少因安全事故而带来的经济损失。

（7）节约：合理利用时间、空间、能源等，以发挥它们的最大效能，从而创造一个高效率、物尽其用的工作场所。

3. 钳工安全操作注意事项

进入钳工场地，不得随意乱动各种设备和工具，更不得擅自使用自己不熟悉的设备和工具；使用电动工具之前，应检查接线是否良好，禁止使用有缺陷的工具；不能用嘴吹和手摸切屑；搬运工件时要防止碰伤；禁止在吊车吊起的工件下面进行任何操作；严格遵守钳工工艺中各工序的安全操作规程。

◇ **安全提示**

安全来自长期警惕，事故源于瞬间麻痹；多看一眼，安全保险；多防一步，少出事故；生产再忙，安全不忘；人命关天，安全在先；生命只有一次，安全伴你一生。

小　　结

本课题以钳工的入门知识为例，介绍了钳工的主要任务及其种类、工作场地、常用设备、钳工安全文明生产知识等；通过对本课题的学习，了解钳工的主要任务及其种类；熟悉钳工工作场地，了解钳工工作范围；理解钳工安全文明生产知识并在今后的工作中严格执行。

课题二　认识钳工常用设备及工具

钳工常用设备是钳工必不可少的设备。钳工常用设备主要有钳工工作台、台虎钳、砂轮机等。

一、钳工常用设备

1. 钳工工作台

钳工工作台也称钳桌（钳台）。其高度为 800～900 mm，装上台虎钳后，正好适合操作者的工作位置，一般钳口高度以齐人手肘为宜，如图 1-1 所示。钳工工作台的主要作用是安装台虎钳和存放钳工常用工具、夹具、量具和工件等。

钳工工作台使用保养注意事项：

（1）桌面上放置的各种工具、量具、工件要合理、整齐摆放，不允许随意堆放，不能处于钳桌边缘之外，以免被碰落砸伤人员或损伤物品。

图 1-1　钳工工作台

（2）常用工具、量具应放在工作位置附近，左手工具放置在台虎钳左侧，右手工具放置在台虎钳右侧，量具则放置在台虎钳的正前方，便于随时取用，用后及时放回原处。

（3）量具和精密零件要轻拿轻放，不用时放置于专用盒内。

（4）工件加工完成后，应马上清除桌面上的切屑和杂物，将工具、量具和工件整齐地摆放在钳桌的抽屉内或者柜内的工具箱中，保持桌面的整洁。

2. 台虎钳

台虎钳由紧固螺栓固定在钳桌上，用来夹持工件的通用夹具，其规格用钳口宽度来表示，常用规格有 100 mm、150 mm 和 200 mm 三种。台虎钳有固定式和回转式两种，两者的主要结构和工作原理基本相同，其不同点是回转式台虎钳比固定式台虎钳多了一个底座，工作时钳身可在转盘座上回转，使用方便、应用范围广，可满足不同方位的加工需要。

台虎钳由活动钳身、固定钳身、丝杠、丝杠螺母、夹紧盘和转盘座等主要部分组成，如图 1-2 所示。操作者顺时针旋转长手柄，可使丝杠在丝杠螺母中旋转，并带动活动钳身向内移动，将工件夹紧；当逆时针旋转长手柄时，可使活动钳身向外移动，将工件松开；若要使台虎钳转动一定角度，可逆时针方向旋转短手柄，双手扳动钳身使之转所需角度，然后顺时针旋转短手柄，将台虎钳整体锁紧在转盘座上。

图 1-2 台虎钳的结构

1—活动钳身；2—螺钉；3—钳口；4—固定钳身；5—丝杠螺母；6—短手柄；7—夹紧盘；
8—转盘座；9—开口销；10—挡圈；11—弹簧；12—长手柄；13—丝杠

使用台虎钳的注意事项：

（1）在台虎钳上夹持工件时，只允许依靠手臂的力量来扳动手柄，决不允许用手锤敲击手柄，也不能用管子或其他工具随意接长手柄，以防螺母或其他制件因过载而损坏。

（2）在台虎钳上进行强力作业时，应使强的作用力朝向固定钳身，否则将额外增加丝杠和丝杠螺母的载荷，以致造成螺纹及钳身的损坏。

（3）不要在活动钳身的工作面上进行敲击作业，以免损坏或降低它与固定钳身的配合性能。

（4）丝杠、丝杠螺母和其他配合表面都要经常保持清洁，并加油润滑，以使操作省力、防止生锈。

3．砂轮机

1）结构

砂轮机用来刃磨錾子、钻头、刀具和其他工具，也可用来磨去工件或材料上的毛刺、锐边等。砂轮机主要由砂轮、砂轮卡盘和主轴等组成，如图 1-3 所示。

2）砂轮的安装

砂轮由磨料与黏结剂等黏结而成，质地硬而脆，工作时转速较高，因此使用砂轮机时应遵守安全操作规程，严防产生砂轮碎裂造成人身事故。当砂轮磨损或需要使用不同材质的砂轮时需要进行更换，更换砂轮必须严格按照要求仔细安装。

3）砂轮机安全操作规程

（1）未经允许，严禁操作砂轮机。

（2）砂轮安装规范、调试合格方可使用。

（3）砂轮机启动后，应在砂轮机旋转平稳后再进行磨削。若砂轮机跳动明显，应及时停机修整。

（4）砂轮机的旋转方向要正确，要与砂轮罩上的箭头方向一致，使磨屑向下方飞离砂轮

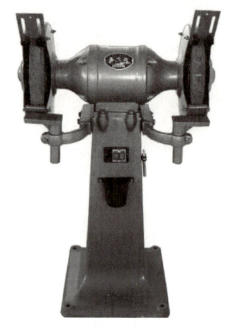
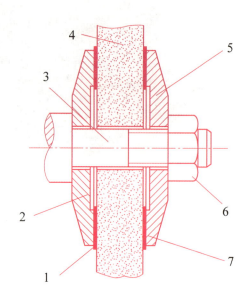

图 1-3 砂轮机的结构

1—软垫；2，5—砂轮卡盘；3—主轴；4—砂轮；6—螺母；7—软垫

与工件。

(5) 磨削时应站在砂轮机的侧面，且用力不宜过大，不准两人同时在一块砂轮上操作。

(6) 磨削时，操作人员应戴好防护眼镜。

4) 砂轮机维护与保养注意事项

(1) 定期检查电动机的绝缘电阻，应保证不低于 5 MΩ，应使用带漏电保护装置的断路器与电源连接。

(2) 换砂轮要进行动、静平衡试验。

(3) 定期检查砂轮的质量、硬度、粒度和外观有无裂缝等，保持吸尘装置完好有效。

(4) 使用完毕，及时切断电源、清扫现场，以防粉尘污染。

二、钳工常用电动工具

1. 角磨机

角磨机又称研磨机或盘磨机，是一种手提式电动工具，如图 1-4 所示。角磨机利用高速旋转的薄片砂轮、橡胶砂轮或钢丝轮等对金属构件进行磨削、切削、除锈、磨光等加工。

角磨机安全操作规程：

(1) 砂轮转动稳定后才能工作。

(2) 切割方向不能向着人。

(3) 连续工作 30 min 后要停机 15 min。

(4) 不能手拿小零件用角磨机进行加工。

图 1-4 角磨机

（5）工作完成后自觉清洁工作环境。

（6）不同品牌和型号的角磨机各有不同，务必按说明书操作。

2. 手电钻

手电钻是一种手提式小型钻孔电动工具，广泛用于机电、建筑、装修、家具等行业，用于在物件上开孔或洞穿物体，如图1-5所示。手电钻的规格是以最大钻孔直径来表示的。采用单相220 V电压的手电钻有6 mm、10 mm、13 mm、19 mm四种规格。

图1-5 手电钻

1—麻花钻；2—钻夹头；3—开关锁；4—开关

手电钻安全操作规程：

（1）手电钻外壳必须采取接地（接零）保护措施。

（2）使用前检查电源线，确保无破损。

（3）接通开关后空转，运行正常后方可工作。

（4）操作时双手紧握手电钻，应掌握正确操作姿势，不可超负荷工作。

（5）使用中发现手电钻漏电、振动、高热或者有异声时应立即停止工作并报修。

（6）不同品牌和型号的手电钻各有不同，务必按说明书操作。

3. 砂轮切割机

砂轮切割机又叫砂轮锯，是一种可对金属等材料进行切割的常用电动工具，如图1-6所示。特别适合锯切各种异型金属铝、铝合金、铜、铜合金、非金属塑胶及碳纤维材料，也可对金属方扁管、方扁钢、工字钢、槽钢、碳素钢、圆管等材料进行切割。

砂轮切割机安全操作规程：

（1）操作者必须熟悉设备的性能，遵守安全操作规程。

图1-6 砂轮切割机

（2）电源线路必须安全可靠，设备性能完好。

（3）穿好工作服，戴好防护眼镜，严禁戴手套及不扣袖口操作。

（4）工件必须夹持牢靠，严禁工件装夹不紧就开始切割。

（5）严禁在砂轮平面上修磨工件的毛刺，严禁使用已有残缺的砂轮片。

（6）操作者必须偏离砂轮片正面，切割时防止火星四溅，并远离易燃易爆物品。

（7）设备出现抖动及其他故障，应立即停机修理；使用完毕，及时切断电源、清扫现场，以防粉尘污染。

电动工具的安装和操作是否正确及符合安全要求，都关乎每位使用者的人身安全，因此必须严格按照要求仔细操作。

三、钳工常用工具

1. 手锤

手锤一般指单手操作的锤子，是敲打物体使其移动或变形的工具。手锤主要由手柄和锤头组成。手锤的种类较多，一般分为硬头手锤和软头手锤两种。硬头手锤用碳素工具钢 T7 制成，常用扁头锤、圆头锤。软头手锤的锤头是用铅、铜、硬木、牛皮或橡胶制成的。锤头的软硬选择，要根据工件材料及加工类型决定，比如錾削时使用硬锤头，而装配和调整时，一般使用软锤头，如图 1-7 所示。手锤的规格以锤头的质量来表示，有 0.25 kg、0.5 kg 和 1 kg 等。

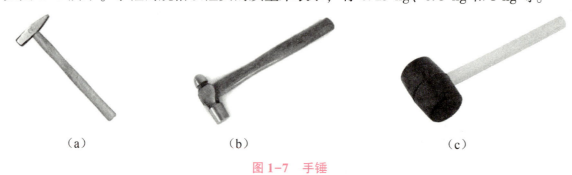

图 1-7 手锤

(a) 扁头锤；(b) 圆头锤；(c) 橡胶锤

使用手锤时，要注意锤头与手柄的连接必须牢固，稍有松动就应立即加楔紧固或重新更换手柄。手锤的手柄长短必须适合，经验提供比较合适的长度是手握锤头，前臂的长度与手柄的长度相等。在需要较小的击打力时可采用手挥法；在需要较强的击打力时，宜采用臂挥法，采用臂挥法时应注意锤头的运动弧线，如图 1-8 所示。手柄不应被油脂污染。

图 1-8 手锤的两种挥法

(a) 手挥法；(b) 臂挥法

2. 螺丝刀

螺丝刀又称起子、改锥，是一种主要用于旋紧或松脱螺钉的旋拧工具，主要有一字和十字两种。根据其构造还可分为直柄型、曲柄型和组合型三种。要根据螺钉的尺寸选择螺丝刀的刀口宽度，否则易损坏刀口或螺钉。螺丝刀及其用法如图 1-9 所示。

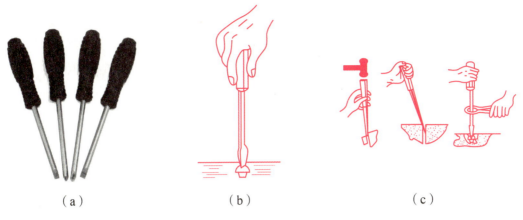

图 1-9 螺丝刀及其用法

（a）螺丝刀；（b）正确用法；（c）错误用法

3. 扳手

扳手是一种常用的安装与拆卸工具。扳手是利用杠杆原理拧转螺栓、螺钉、螺母和其他螺纹紧持螺栓或螺母的开口或套孔固件的手工工具。扳手通常在柄部的一端或两端制有夹持螺栓或螺母的开口或套孔。使用时沿螺纹旋转方向在柄部施加外力，就能拧转螺栓或螺母。常用扳手有呆扳手、梅花扳手、组合式扳手、活络扳手、套筒扳手、扭力扳手、钩头扳手、内六角扳手等多种，如图 1-10 所示。选用时应根据工作性质选择合适的扳手，尽量少用活络扳手。

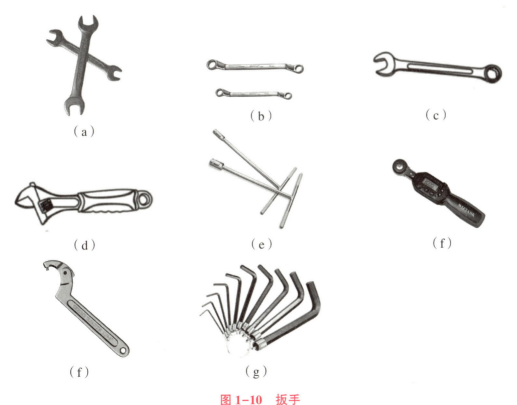

图 1-10 扳手

（a）呆扳手；（b）梅花扳手；（c）组合式扳手；（d）活络扳手；（e）套筒扳手；（f）扭力扳手；
（f）钩头扳手；（g）内六角扳手

4. 钳子

钳子是一种用于夹持、固定加工工件或者扭转、弯曲、剪断金属丝线的手工工具。钳嘴的形式很多，常见的有尖嘴、平嘴、扁嘴、圆嘴、弯嘴等，可适应不同形状工件的作业需要。按其主要功能和使用性质，钳子可分为夹持式钳子、钢丝钳、剥线钳、管子钳等。钳工常用钳子如图1-11所示。

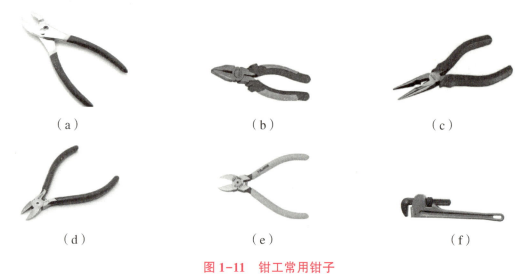

图1-11 钳工常用钳子

(a) 鱼嘴钳；(b) 钢丝钳；(c) 圆头尖嘴钳；(d) 剪钳；(e) 卡簧钳；(f) 管子钳

小　　结

本课题介绍了钳工常用设备，了解了常用设备的结构和使用方法、注意事项以及在生产上的运用。通过对本课题的学习，可以掌握台虎钳的合理调整和正确使用；学会在砂轮机上更换砂轮及对其进行修整；掌握手电钻的正确安全使用方法；了解简单电动工具的种类和使用场合。钳工常用设备的使用应与钳工基本操作任务的完成紧密结合，通过熟练使用常用设备，为完成和提高钳工基本的操作技能水平打下良好的基础，也为今后学习和掌握更多的钳工常用设备做好准备。

课题三　钳工常用量具

量具是用来检验或测量工件、产品是否满足预先确定的条件所用的工具，如测量长度、角度、表面质量、形状及各部分的相关位置等。钳工常用量具的种类很多，根据其用途及特点不同可分为万能量具、标准量具和专用量具。能对多种零件、多种尺寸进行测量的量具称为万能量具。这类量具一般都有刻度，在测量范围内，可测量出零件或产品的形状、尺寸的具体数值。常用的万能量具有游标卡尺、千分尺、万能角度尺、百分表等；标准量具是指只能制成某一固定尺寸，用来校对和调整其他量具的量具，如量块。专门为了测量零件或产品某一形状、尺寸制造的量具称为专用量具，这类量具不能测出具体的实际尺寸，只能测出零件或产品的形状、尺寸是否合格，如卡规、塞规等。

一、游标卡尺

游标卡尺是一种适合测量中等精度（IT10～IT6）尺寸的量具，可以直接量出工件的长度、宽度、内径、外径、深度和孔距等尺寸。游标卡尺具有结构简单、使用方便、测量的尺寸范围较大等特点，是钳工常用的量具之一。

1. 游标卡尺的规格和结构

常用游标卡尺的测量精度有 0.1 mm、0.05 mm、0.02 mm 三种。按测量范围游标卡尺的规格有 0～125 mm、0～150 mm、0～200 mm、0～300 mm、0～500 mm、0～1 000 mm 等。测量时，应按照工件尺寸大小、尺寸精度要求选择游标卡尺，不能测量毛坯或高精度工件。游标卡尺按其结构和用途的不同分为普通游标卡尺、深度游标卡尺、高度游标卡尺、齿厚游标卡尺等，如图 1-12 所示。

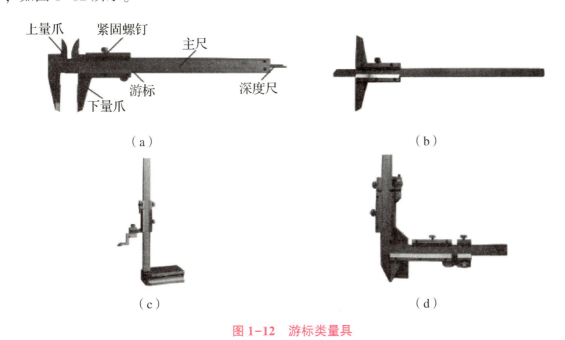

图 1-12　游标类量具

（a）普通游标卡尺；（b）深度游标卡尺；（c）高度游标卡尺；（d）齿厚游标卡尺

2. 游标卡尺的刻线原理

常用游标卡尺的测量精度按游标每格的读数示值分为 0.05 mm（1/20）和 0.02 mm（1/50）两种。以钳工常用的精度为 0.02 mm 的游标卡尺为例，介绍游标卡尺的刻线原理。

当两量爪合并时，游标上的 50 格长度刚好等于主尺上的 49 格（49 mm），则游标每 1 格间距为 0.98 mm（49 mm÷50＝0.98 mm），主尺与游标每 1 格间距相差 0.02 mm［1－0.98＝0.02（mm）］，即 0.02 mm 为该游标卡尺的最小读数示值（测量精度），如图 1-13 所示。

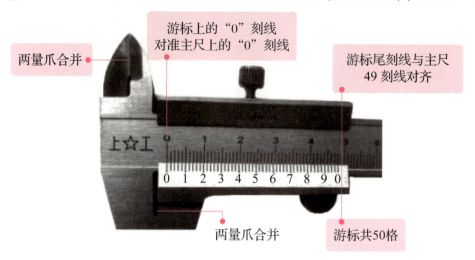

图 1-13　游标卡尺的刻线原理

3. 游标卡尺的读数方法

游标卡尺测量的尺寸由主尺和游标两部分组成。当活动量爪与固定量爪合并时，游标上的"0"刻线（简称游标零线）与主尺上的"0"刻线对齐，此时量爪间的距离为 0。测量零件尺寸时，游标向右移动到某一位置，固定量爪与活动量爪要与被测工件表面对正、贴合，此时，两量爪之间的距离就是零件的测量尺寸。此时零件尺寸的整数部分，可在游标零线左侧的主尺刻线上读出来，小数部分可借助于游标来读出，将上述两项读数相加即被测尺寸，如图 1-14 所示。

1）游标卡尺的读数步骤

（1）读整数，读出主尺上位于游标零线左侧的整数值，即 13。

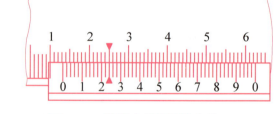

图 1-14　游标卡尺的读数方法

（2）读小数，读出游标上第几条刻线与主尺的刻线对齐，并乘以精度值，求得小数值，即 12×0.02＝0.24（mm）。

（3）把主尺上的整数和游标对应的小数值相加，即被测尺寸，13＋12×0.02＝13.24（mm）。

想一想：为什么说游标卡尺的测量精度高于普通直尺？

做一做：张开游标卡尺任意尺度，读取相应数值。

2）游标卡尺的使用注意事项

（1）使用前先擦净卡尺，并将两量爪合并，检查主尺和游标的零线是否能对齐。如不能对齐，找出误差，测量时将误差加上或减去。超过误差允许值，则应报修。

（2）测量时，工件与游标卡尺要对正，测量位置要准确，两量爪要与被测工件表面合并，不能歪斜，并掌握好两量爪与工件接触面的松紧程度，不能过紧，也不能过松。推拉游标要缓慢，量爪与工件接触要轻，切不可用力推或拉，避免造成人为误差。

（3）读数时，要对正游标刻线，看准对齐的刻线，不能斜视以减少读数误差。

（4）用深度游标卡尺测量深度时，卡尺尾端与被测零件的端面保持垂直。

（5）避免用游标卡尺测量毛坯件。

（6）使用完毕应擦净放入盒内。

4. 其他类型的游标卡尺

以上所介绍的各种游标卡尺都存在一个共同问题，就是读数不很清晰，容易读错，有时不得不借助放大镜将读数部分放大。现有游标卡尺采用无视差结构，使游标刻线与主尺刻线处在同一平面上，消除了在读数时因视线倾斜而产生的视差；有的卡尺装有测微表，称为带表游标卡尺，便于读数准确，提高了测量精度；更有一种带有数字显示装置的游标卡尺，这种游标卡尺在零件表面上量得尺寸时，直接用数字显示出来，其使用极为方便，如图1-15所示。

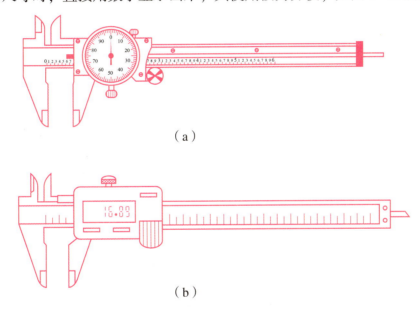

（a）

（b）

图1-15 带表游标卡尺和数显游标卡尺

（a）带表游标卡尺；（b）数显游标卡尺

◇特别提示

游标卡尺是一种中等精度的量具，只适用于中等精度尺寸的测量和检验。不能用游标卡尺测量锻、铸件毛坯，容易损坏量具；也不能测量精度要求很高的尺寸，因为游标卡尺的测量精度达不到要求。常用游标卡尺的示值误差为±0.02 mm，选用这样的量具去测量精密零件尺寸，显然是无法保证精度要求的。任何量具都有一定的示值误差，游标卡尺的示值误差如表1-1所示。

表 1-1 游标卡尺的示值误差　　　　　　　　　　　　mm

测量精度	示值误差
0.02	±0.02
0.05	±0.05
0.1	±0.1

游标卡尺的示值误差，就是游标卡尺本身的制造精度，不论你使用的怎样正确，卡尺本身都可能产生这些误差。例如，用测量精度为 0.02 mm、规格为 0~125 mm 的游标卡尺（示值误差为±0.02 mm），测量 50 mm 的尺寸时，若游标卡尺上的读数为 50.00 mm，实际尺寸可能是 50.02 mm，也可能是 49.98 mm。这与游标卡尺的使用方法无关，而与它本身的制造精度有关。因此，若该尺寸是 IT5 级精度的，则它的制造公差为 0.013 mm，而游标卡尺本身就有±0.02 mm 的示值误差，选用这样的量具去测量，显然是无法保证精度要求的。

二、外径千分尺

外径千分尺也叫螺旋测微仪，常简称为"千分尺"。外径千分尺是一种精密量具，它是比游标卡尺更精密的长度测量仪器，而且比较灵敏，因此，对于加工精度要求较高的工件尺寸，常用外径千分尺来测量。其精度可达到 0.01 mm，加上估读的 1 位，可读取到小数点后第 3 位（千分位），故称千分尺。

1. 外径千分尺的结构和规格

千分尺按其结构和用途不同可分为外径千分尺、内径千分尺、深度千分尺、螺纹千分尺和公法线千分尺等。图 1-16 所示为钳工常用的外径千分尺，由尺架、测微螺杆、固定套筒、微分筒、旋钮和测力装置等组成。

外径千分尺的测量范围在 500 mm 以内时，每 25 mm 为一挡，如 0~25 mm、25~50 mm 等；当测量范围在 500~1 000 mm 时，每 100 mm 为一挡，如 500~600 mm、600~700 mm 等。

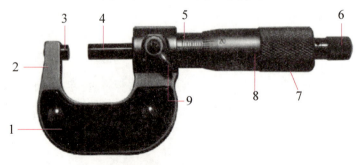

图 1-16　钳工常用的外径千分尺

1—绝热板；2—尺架；3—测砧；4—测微螺杆；5—固定套筒；6—旋钮；
7—测力装置；8—微分筒；9—锁紧螺钉

2. 外径千分尺的刻线原理

用外径千分尺测量零件的尺寸，就是把被测零件置于外径千分尺的测砧和测微螺杆的两测量面之间，两测量面之间的距离就是零件的被测尺寸。当测微螺杆在螺纹轴套中旋转时，由于螺旋线的作用，测微螺杆产生轴向移动，使两测量面之间的距离发生变化。

在千分尺的固定套筒上刻有轴向中线，作为微分筒读数的基准线。在轴向中线的两侧，刻有两排刻线，标有数字的一排刻线间距为 1 mm，另一排为每毫米刻线的中线，即上、下两相邻刻线的间距为 0.5 mm。微分筒的圆锥面上刻有 50 个等分线，当微分筒旋转 1/50 周时（即转过 1 格），测微螺杆轴向移动的距离为 0.5 mm÷50＝0.01 mm。由此可知，外径千分尺的测量精度为 0.01 mm，如图 1-17 所示。

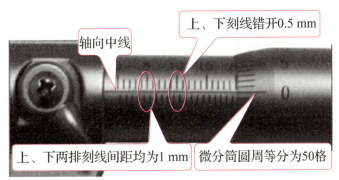

图 1-17　外径千分尺的刻线原理

3. 外径千分尺的读数方法

（1）读出固定套筒上的整毫米数和半毫米数：读出固定套筒上刻线所显示的最大数值，包括整毫米数和半毫米数。

（2）读出微分筒上不足半毫米的小数值：用微分筒上与固定套筒中线对齐的刻线格数乘以千分尺精度。

（3）把上述两个读数相加即得实测尺寸。如图 1-18（a）所示，尺寸为 7.5+35×0.01＝7.850（mm）；如图 1-18（b）所示，尺寸为 5+27×0.01＝5.270（mm）。

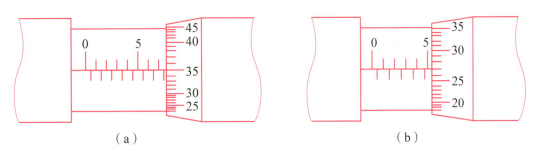

图 1-18　千分尺测量

(a) 7.850 mm；(b) 5.270 mm

4. 外径千分尺的零位校对

使用外径千分尺前，应先校对外径千分尺的零位。所谓"校对千分尺的零位"，就是把外径千分尺的两个测量面擦干净，转动旋钮和测力装置，使测微螺杆和测砧贴合在一起（这里针对 0~25 mm 的外径千分尺而言），检查微分筒圆周上的"0"刻线是否对准固定套筒的基准轴向中线，微分筒的端面是否正好使固定套筒上的"0"刻线露出来，如图 1-19（a）所示。量程大于 25 mm 的外径千分尺进行零位校对时，应在两个测量面间放上对应的校对样棒，如图 1-19（b）所示。

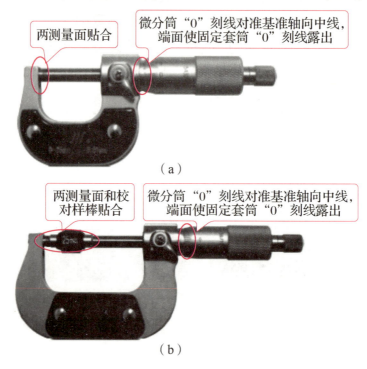

图 1-19　外径千分尺的零位校对

（a）0~25 mm 外径千分尺；（b）量程大于 25 mm 的外径千分尺

外径千分尺零位不对时则需校准，校准方法如下：

（1）如果零位是由于微分筒的轴向位置不对，如微分筒的端部盖住固定套筒上的"0"刻线，或"0"刻线露出太多，0.5 mm 的刻线容易读错，必须进行校准。此时，可用锁紧螺钉把测微螺杆锁住，再用外径千分尺的专用扳手插入测力装置小轴的孔内，把测力装置松开（逆时针旋转），微分筒就能进行调整，即轴向移动一点，使固定套筒上的"0"刻线正好露出来，同时使微分筒的"0"刻线对准固定套筒的轴向中线，然后把测力装置旋紧。

（2）如果零位是由于微分筒的"0"刻线没有对准固定套筒的轴向中线，此时，可用外径千分尺的专用扳手插入固定套筒的小孔内，把固定套筒转过一点，使之对准"0"刻线。

5. 外径千分尺的使用注意事项

外径千分尺是一种中等精度的量具，使用方便，主要用于中等精度零件的测量。为了保证测量尺寸的精度，使用过程中应注意以下几点：

（1）使用前，应把外径千分尺的两个测量面擦干净，校准零位。

（2）测量前，应把零件的被测量表面擦干净，以免影响测量精度。

（3）测量时，测微螺杆与零件被测量的尺寸方向要一致。测微螺杆应与工件的轴线垂直且通过工件中心。测量过程中，先转动微分筒，测量面将要接触时，改为转动测力装置，直到发出"咔咔"声为止。为使测量面与零件表面接触良好，可在转动旋钮的同时，轻轻地晃动尺架。

（4）读取数值后，应反向转动微分筒，使测微螺杆端面离开零件被测表面，再将外径千分尺退出，这样可减少对外径千分尺测量面的磨损。如果必须取下读数时，应用锁紧螺钉锁紧测微螺杆后，轻轻滑出零件后再读数。

（5）使用完毕后要擦净测量面，并涂上专用防锈油，置于盒内保管。

（6）使用有效期满后，要及时送计量部门检修。

6. 其他千分尺

千分尺的种类很多，除外径千分尺外，常用的还有内径千分尺、深度千分尺、壁厚千分尺、三爪内径千分尺、螺纹千分尺和公法线千分尺等，如图1-20所示。

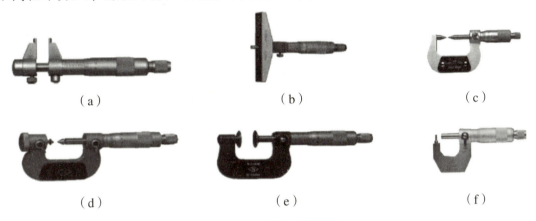

图1-20 千分尺的种类

（a）内径千分尺；（b）深度千分尺；（c）尖头千分尺；（d）螺纹千分尺；（e）公法线千分尺；（f）壁厚千分尺

> ◇**特别提示**
>
> 用外径千分尺测量长方体工件平面的尺寸时，一般在工件四角和中间共测五点，取平均值。测量圆柱形工件外径时，一般在圆周上测量三点，取平均值，如图1-21所示。
>
>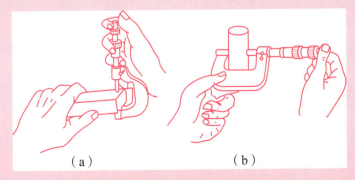
>
> 图1-21 外径千分尺测量工件
>
> （a）测量长方体工件；（b）测量圆柱形工件

三、万能角度尺

1. 万能角度尺的结构

万能角度尺是用来测量精密零件内外角度或进行角度划线的角度量具。万能角度尺是一种结构简单的通用角度量具，主要由基尺、尺身（主尺）、直角尺、直尺、游标、制动器（锁紧螺钉）、扇形板、调节旋钮和卡块等组成，如图1-22（a）、（b）所示。利用基尺、直角尺、直尺的不同组合，可进行0°~320°范围内外角度的测量。图1-22（c）组合可以测量0°~50°角度；图1-22（d）组合可以测量50°~140°角度；图1-22（e）组合可以测量140°~230°角度；图1-22（f）组合可以测量230°~320°角度。

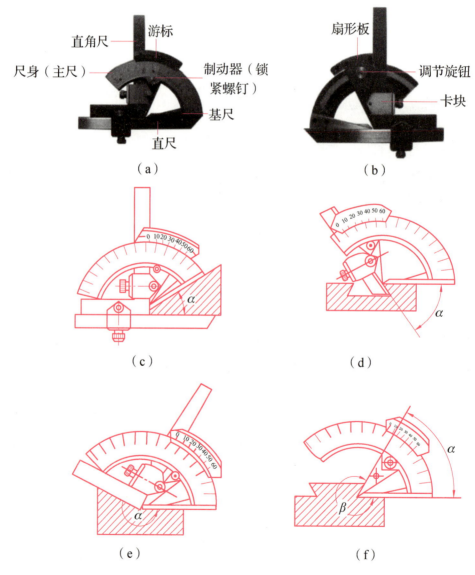

图1-22 万能角度尺的结构和测量范围

(a) 正面；(b) 反面；(c) 0°~50°；(d) 50°~140°；(e) 140°~230°；(f) 230°~320°

2. 万能角度尺的刻线原理

万能角度尺的测量精度有 5′ 和 2′ 两种，万能角度尺的读数机构是根据游标原理制成的。精度为 2′ 的万能角度尺的刻线原理是：尺身每格刻线的弧长对应的角度为 1°；游标刻线是将尺身上 29° 所占的弧长等分为 30 格，每格所对应的角度为 $\frac{29°}{30}$，因此游标 1 格与尺身 1 格相差：$1° - \frac{29°}{30} = \frac{1°}{30} = 2′$，即游标万能角度尺的测量精度为 2′，如图 1-23 所示。

3. 万能角度尺的读数方法

万能角度尺的读数方法与游标卡尺的读数方法基本相似，即先从尺身上读出游标零刻线左边的整度数，然后在游标上读出分的数值（格数×2′），两者相加就是被测工件的角度数值。如图 1-24 所示，角度值为 69°+ 21×2′ = 69°42′。

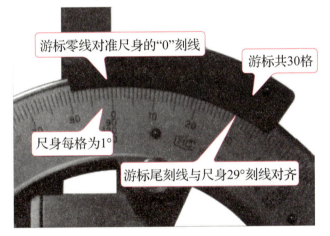

图 1-23　万能角度尺刻线原理

图 1-24　万能角度尺读数方法

4. 万能角度尺的零位校对和使用

万能角度尺使用前应先校准零位。万能角度尺的零位，是直尺与直角尺均装上，当直角尺和基尺的底边与直尺无间隙接触，此时主尺的"0"刻线与游标的"0"刻线对准。调整好零位后，通过基尺、直尺、直角尺进行组合，可测量 0～320° 4 个角度段内的任意角度值。测量时，根据零件被测部位的情况，先调整好直角尺或直尺的位置，用卡块上的螺钉把它们紧固住，再来调整基尺测量面与其他有关测量面之间的夹角。这时，要先松开制动器上的螺母，移动主尺做粗调整，然后再转动扇形板背面的旋钮做细微调整，直到两个测量面与被测表面密切贴合为止。最后拧紧制动器上的螺母，把角度尺取下来进行读数。

5. 万能角度尺的使用注意事项

（1）根据被测量工件的不同角度正确使用基尺或组合直尺、直角尺。

（2）使用前，先将万能角度尺擦拭干净，再检查尺身和游标的零刻线是否对齐，基尺和直尺是否有间隙。

(3) 测量时，万能角度尺的两个测量面要和被测工件的表面紧密贴合，否则，将会影响测量值的准确性。

(4) 测量完毕后，应用汽油或酒精把万能角度尺洗净，用干净纱布仔细擦干，涂上防锈油，装入专用盒内存放。

四、其他钳工常用量具

1. 塞尺

塞尺是用来检验结合面之间间隙大小的片状量规。它由不同厚度的金属薄片组成，每个薄片有两个相互平行的测量平面，其厚度尺寸较准确，又称厚薄规，用于测量气门间隙、触点间隙。塞尺长度有 50 mm、100 mm、200 mm 三种，由若干片厚度为 0.02~1 mm（中间每片相隔 0.01 mm）或厚度为 0.1~1 mm（中间每片相隔 0.05 mm）的金属薄片组为一组，叠合在夹板里，如图 1-25 所示。

1）塞尺的使用方法

使用时，先将塞尺擦干净，根据间隙大小可用一片或几片叠加一起插入间隙内，插入深度应在 20 mm 左右，松紧适度，不得过紧或过松。例如，用 0.2 mm 的塞尺能插入两工件的缝隙中，而 0.3 mm 的塞尺插不进，说明两工件的结合间隙为 0.2 mm。

2）塞尺的使用注意事项

根据结合面的间隙情况选用塞尺片数，但片数越少越好；由于塞尺很薄，容易弯曲或折断，测量时不能用力太大，并应在结合面的全长上多检查，取其最大值，即两结合面的最大间隙量。塞尺用完后要擦净其测量面，及时合到夹板内，以免损伤金属薄片。

2. 深度游标卡尺

深度游标卡尺主要用于测量零件的深度尺寸、台阶高低和槽的深度，如图 1-26 所示。它的读数方法与游标卡尺完全一样。

图 1-25　塞尺　　　　　　　　　图 1-26　深度游标卡尺

测量内台阶时，先把测量基座轻轻压在工件的基准面上，卡尺两个端面必须接触工件的基准面，如图 1-27（a）所示。测量外台阶或槽深时，测量基座的端面一定要压紧在基准面上，如图 1-27（b）、（c）所示，再移动尺身，直到尺身的端面接触到工件的测量面（台阶面），然后用紧固螺钉固定游标，提起卡尺，读出深度尺寸。测量小直径的内孔深度时，注意尺身的端面是否在要测量的台阶上，如图 1-27（d）所示。当基准是曲线时，如图 1-27（e）所示，测量基座的端面必须放在曲线的最高点上，这时测量出的深度尺寸才是工件的实际尺寸，否则会出现测量误差。

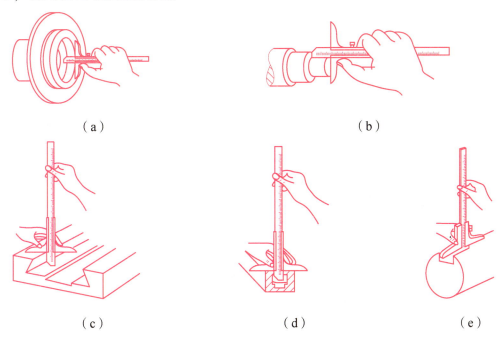

图 1-27 深度游标卡尺的使用方法

（a）测内台阶；（b）测外台阶；（c）测槽深；（d）测量小直径的内孔深度；（e）测曲面槽

3. 量块

量块又称块规，它是机器制造业中控制尺寸的最基本量具，是从标准长度到零件之间尺寸传递的媒介，是技术测量中长度计量的标准。

长度量块是用耐磨性好、硬度高而不易变形的轴承钢制成矩形截面的长方块，如图 1-28（a）所示。它有上、下两个测量面和四个非测量面。两个测量面是经过精密研磨和抛光加工得很平、很光的平行平面。

量块的精度，根据它的工作尺寸（即中心长度）的精度和两个测量面的平面平行度的准确程度，分成五个精度等级，即 0 级、K 级、1 级、2 级、3 级。0 级量块的精度最高，工作尺寸和平面平行度等都做得很准确，只有零点几个微米的误差，一般仅用于省市计量单位作为检定和校准精密仪器使用。1 级量块的精度次之，2 级更次之，3 级量块的精度最低，一般作为工厂或车间计量站使用的量块，用来检定或校准车间常用的精密量具。

量块是成套供应的，将每套装成一盒，每盒中有各种不同尺寸的量块，其尺寸编组有一定的规定，每块量块只有一个工作尺寸。但由于量块的两个测量面做得十分准确而光滑，用少许压力推合两块量块，使它们的测量面紧密接触，两块量块就能黏合在一起，这种特性称为研合性。利用量块的研合性，就可用不同尺寸的量块组合成所需要的各种尺寸。但为了减少量块组合的累积误差，使用量块时，应尽量减少量块使用的块数，一般要求不超过 5 块。

量块的研合方法如图1-28（b）所示，将两量块呈交叉贴合在一起，用手前后微量地移动上面的量块，同时旋动使两量块的测量面转到平行方向，然后沿测量面长边方向平行向前推动量块直到两测量面完全贴合在一起。

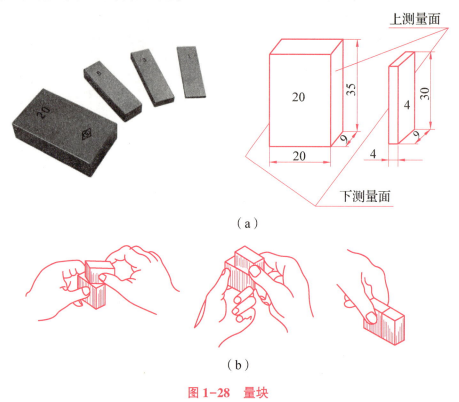

图1-28 量块

（a）量块外观；（b）量块研合的方法

量块是很精密的量具，使用时必须注意以下几点：

（1）使用前，先在汽油中洗去防锈油，再用清洁的鹿皮或软绸擦干净。

（2）清洗后的量块，不要直接用手去拿，应当用软绸衬起来拿。若必须用手拿量块时，应当把手洗干净，并且要拿在量块的非工作面上。

（3）把量块放在工作台上时，应使量块的非工作面与台面接触。不要把量块放在蓝图上，因为蓝图表面有残留化学物，会使量块生锈。

（4）不要使量块的工作面与非工作面进行推合，以免擦伤工作面。

（5）量块使用后，应及时在汽油中清洗干净，用软绸擦干后涂上防锈油，放在专用盒子里。若经常需要使用，可在洗净后不涂防锈油，放在干燥缸内保存。绝对不允许将量块长时间贴合在一起。

4. 卡钳

卡钳是一种间接量具，它必须借助钢直尺或其他量具才能读出所测尺寸，如图1-29所示，有普通卡钳和弹簧卡钳两种。在使用时分内卡钳和外卡钳两种。它们有大小不同的规格，适用不同尺寸工件的测量，如150 mm、200 mm、300 mm等。

卡钳使用方法：用普通卡钳测量零件时，应先将卡钳的两个脚用手掰到与工件尺寸相近，再轻敲卡钳两脚来调整卡钳的开度；用弹簧卡钳测量零件时，只需调整调节螺母。最后借助其他有刻度的量具读取读数。

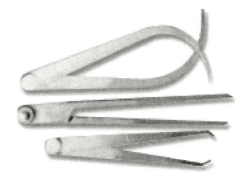

图1-29 卡钳

5. 百分表

百分表是一种指示式测量仪，百分表用来检验机床精度和测量工件的尺寸、形状和位置误差。美国人艾姆斯于1890年制成百分表和千分表。百分表其分度值为0.01 mm，广泛用于机械产品加工行业。目前，国产百分表的测量范围（即测杆的最大移动量）有0~3 mm、0~5 mm、0~10 mm三种。按其制造精度，可分为0级、1级和2级三种。0级精度较高，一般适用于尺寸精度为IT8~IT6级零件的校正和检验。百分表是钳工常用的一种精密量具，其优点是方便、可靠、迅速。

1）钟式百分表

钟式百分表的外形及内部结构如图1-30所示，主要由测头、测杆、大齿轮、小齿轮、指针、表盘等组成。百分表测杆上的齿距是0.625 mm。当测杆上升16齿时，即上升0.625×16=10（mm），16齿的小齿轮正好转1周，与其同轴的大齿轮（$z=100$）也转1周，从而带动齿数为10的小齿轮和长指针转10周。即当测杆移动1 mm时，长指针转一周。由于表盘上共等分100格，长指针每转一格，表示测杆移动0.01 mm，所以百分表的分度值为0.01 mm。读数时，先读出整数（短指针格数×1 mm）；再读出小数（长指针格数×0.01 mm）；最后将两值相加，即测量误差数值。

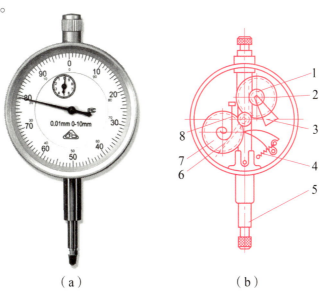

图1-30 钟式百分表的外形及内部结构
（a）外形；（b）内部结构
1—小齿轮；2，7—大齿轮；3—中间齿轮；4—弹簧；5—测杆；6—指针；8—游丝

2）杠杆百分表

杠杆百分表是利用杠杆-齿轮传动机构或者杠杆-螺旋传动机构，将尺寸变化为指针角位移，并指示出长度尺寸数值的计量器具；常用于车床上校正工件安装位置或用在普通百分表无法使用的场合，如图1-31所示。杠杆百分表在使用时，应安装在相应的表架或专门的夹具上，确保牢固。测量时应使杠杆百分表的测头轴线与测量线尽量垂直。杠杆百分表体积较小，适用于零件上孔的轴心线与底平面的平行度的检查。使用杠杆百分表时要注意表头与测量面的接触角度是否正确，应尽可能小，如图1-32所示。

3）内径百分表

内径百分表可用来测量孔径和孔的形状误差，对于深孔测量极为方便。内径百分表在三通管的一端装着活动测头，另一端装着可换测头，垂直管口一端，活动测头的移动量就可以在百分表上读出来，如图1-33所示。

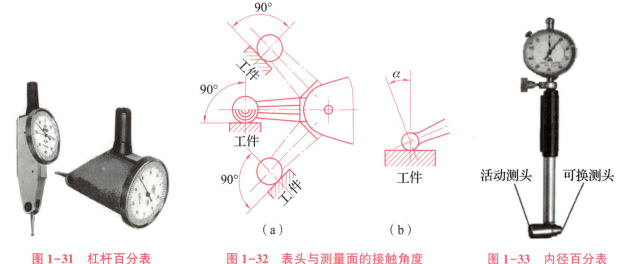

图1-31　杠杆百分表　　　图1-32　表头与测量面的接触角度　　　图1-33　内径百分表

（a）正确；（b）不正确

内径百分表活动测头的移动量，小尺寸的只有0~1 mm，大尺寸的可有0~3 mm，它的测量范围是由更换或调整可换测头的长度来达到的。因此，每个内径百分表都附有成套的可换测头，使用前必须先进行组合和校对零位。

五、常用量具的维护和保养

对量具要做到正确、合理使用，还要掌握其维护和保养的方法，为了不使量具的精确度过早丧失或造成量具的损坏，使用中应做到以下几点：

（1）量具应进行定期检查和保养。使用过程中若发现有异常现象，应及时送交计量室检修。

（2）量具的零部件要备齐，不能在缺少零件的情况下进行测量，以免影响测量精度。

(3) 测量前应将量具的工作面和工件被测量表面擦拭干净，以免脏物影响测量精度和加快量具磨损。

(4) 在使用过程中，不要将量具和工具、刀具等堆放在一起，以免擦伤、碰伤或挤压变形。

(5) 运动的工件绝不能用量具进行测量，否则会加快量具磨损，而且容易发生事故，测量误差也相当大。

(6) 量具不能放在热源附近，以免产生热变形。

(7) 量具用完后，要及时将各处清理干净，涂油后存放在专用包装盒中隔磁并防变形，要保持干燥，以免生锈。

小　　结

本课题以游标卡尺、千分尺、万能角度尺等为例，介绍常用量具的结构、功能、规格、刻线或读数原理以及使用方法。通过对本课题的学习，学生应了解这些常用量具的结构、功能，能根据测量需要，正确选用合适的量具；掌握常用量具的测量方法、技巧；学会正确使用和保养量具。

课题四　识读钳工零件图

零件图的识读在钳工技能应用中是最基本、也是最广泛的。零件图的识读涉及机械制图、公差配合、机械基础等多种学科知识，只有掌握相关的专业知识，才能正确、合理地读懂零件图的要求，编制合理的加工工艺。要想成为一名合格的钳工，应该掌握最基本的识图方法。

一、识读凹凸零件图

零件图是加工制造和检测的主要依据。读零件图的目的就是依据图样的要求，构造零件的结构形状。在读零件图时，还应联系该零件与其他零件的关系、在部件或机器中的位置、作用等，才能充分理解和读懂零件图。

1. 识读零件图的方法和步骤

(1) 看标题栏，概括了解零件图。

看标题栏是识读零件图的第一步。根据标题栏了解零件名称、选用材料和绘图比例等。只有读懂标题栏，才能知道在操作中选择什么样的材料，用什么工具对其进行加工制造。例如，图1-34所示为山东省2023年春季高考技能测试设备维修类专业样题的零件Ⅰ，材料是

Q235，绘图比例是1∶1，形状是凸形件，零件的轮廓尺寸是70 mm×50 mm×8 mm。

（2）分析零件图的表达方法。

在钳工锉配加工过程中常采用的图样是正投影图。通过物体的三视图来分析各部分的尺寸精度。例如，图1-34所示零件为板形零件，用一个主视图来表达结构形状，用一个左视图来表达该零件的厚度。

（3）分析零件的结构形状。

零件Ⅰ的结构形状是：该零件为凹凸配合件中的凸形件，厚度为8 mm，两直角处分别用手锯沉割。

（4）分析零件图的尺寸和技术要求。

首先找出零件各方向上标注尺寸的基准；然后分析各部分的定形尺寸、定位尺寸和零件的总体尺寸；最后了解配合表面的尺寸公差、有关形状公差及表面粗糙度等。

图1-34中，零件Ⅰ高度方向的尺寸基准为零件的底面，长度方向的尺寸基准为右侧表面。各方向的主要尺寸为（20±0.06）mm、50 mm、（35±0.03）mm、70 mm及清角槽尺寸为1.5 mm×1.5 mm等，锉削面表面粗糙度要求$Ra3.2$ μm，清角槽处表面粗糙度要求$Ra25$ μm（保留锯削痕迹）。由零件Ⅰ的技术要求可知，该件由毛坯上锯削取料，锐边倒圆，有两处未注公差尺寸，按GB/T 1804-m加工。

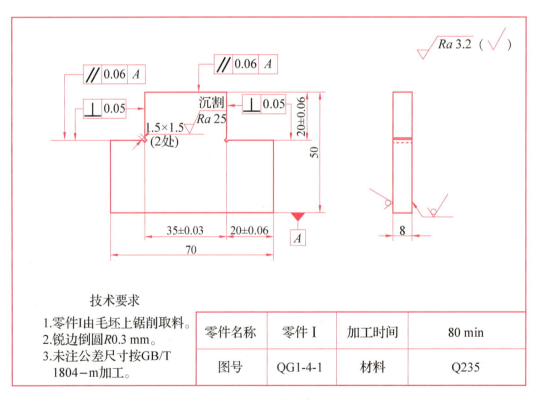

图1-34　零件图

2. 尺寸标注与代号的意义（表1-2）

表1-2　尺寸标注与代号的意义

项目	代号	含义	说明
尺寸公差	20±0.06	尺寸控制在 19.94～20.06 mm 为合格	上极限偏差为+0.06 mm，下极限偏差为-0.06 mm，上、下极限偏差限定了公称尺寸（20 mm）的允许变动范围
	35±0.03	尺寸控制在 34.97～35.03 mm 为合格	上极限偏差为+0.03 mm，下极限偏差为-0.03 mm，上、下极限偏差限定了公称尺寸（35 mm）的允许变动范围
	50（70）	尺寸控制在 49.7～50.3 mm（69.7～70.3 mm）为合格	上极限偏差为+0.3 mm，下极限偏差为-0.3 mm，上、下极限偏差限定了公称尺寸 50（70）mm 的允许变动范围
几何公差	// 0.06 A	零件的顶面相对于基准 A 的平行度公差为 0.06 mm	几何公差的标注：当被测要素为轴线或中心平面时，几何公差标注带箭头的指引线应与尺寸线的延长线重合；当基准要素为轴线或中心平面时，基准符号的细实线应与尺寸线对齐
	⊥ 0.05	两加工面的垂直度公差为 0.05 mm	
表面粗糙度	$\sqrt{Ra\ 3.2}$	除标注外，其余各表面粗糙度要求 $Ra3.2\ \mu m$	表面粗糙度表示零件表面的微观不平的程度，表面粗糙度值越大，说明表面越粗糙
	$\sqrt{}$	所指表面用不去除材料的方法获得	
	$\sqrt{Ra\ 25}$	表面粗糙度要求 $Ra25\ \mu m$（锯削面）	

二、识读角度样板图

1. 了解零件概况

从标题栏中了解零件的名称、材料和数量等，并结合视图初步了解该零件的大致形状和主要轮廓尺寸。例如，由图1-35的标题栏可知，该零件是角度样板，材料是Q235，数量是1件。

2. 分析零件图的表达方式

该零件较简单，所以只用了一个视图。

3. 分析零件的结构形状

角度样板的结构形状是厚度为 8 mm，凸字形外形，左下方有一个 60°的角。

4. 分析零件的尺寸和技术要求

首先找出零件各方向上的标注尺寸的基准；然后分析各部分的定形尺寸、定位尺寸和零件的总体尺寸；最后了解表面的尺寸公差、几何公差及表面粗糙度等。

从角度样板零件图可知，长度方向的尺寸基准为右侧表面及左右方向的对称面，高度方向的尺寸基准为零件上表面。各方向的主要尺寸有（60±0.05）mm、（18±0.05）mm、（30±0.05）mm、60°、（25±0.05）mm、（15±0.05）mm、（40±0.05）mm。（18±0.05）mm 尺寸两侧面的中心平面相对于基准 A 的对称度公差为 0.1 mm，60°角斜边相对于基准 B 的倾斜度公差为 0.05 mm。角度样板零件图中标注项目、代号及含义见表 1-3。

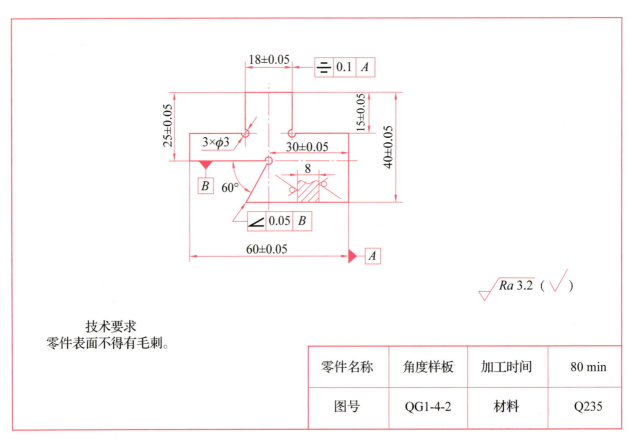

图 1-35 角度样板

5. 尺寸标注与代号的意义（表 1-3）

表 1-3　尺寸标注与代号的意义

项目	代号	含义	说明
尺寸公差	60±0.05	尺寸控制在 59.95～60.05 mm 为合格	上极限偏差为 +0.05 mm，下极限偏差为 -0.05 mm，上、下极限偏差限定了零件公称尺寸的允许变动范围
	18±0.05	尺寸控制在 17.95～18.05 mm 为合格	上极限偏差为 +0.05 mm，下极限偏差为 -0.05 mm，上、下极限偏差限定了零件公称尺寸的允许变动范围
	30±0.05	尺寸控制在 29.95～30.05 mm 为合格	上极限偏差为 +0.05 mm，下极限偏差为 -0.05 mm，上、下极限偏差限定了零件公称尺寸的允许变动范围
	25±0.05	尺寸控制在 24.95～25.05 mm 合格	上极限偏差为 +0.05 mm，下极限偏差为 -0.05 mm，上、下极限偏差限定了零件公称尺寸的允许变动范围
	15±0.05	尺寸控制在 14.95～15.05 mm 合格	上极限偏差为 +0.05 mm，下极限偏差为 -0.05 mm，上、下极限偏差限定了零件公称尺寸的允许变动范围
	40±0.05	尺寸控制在 39.95～40.05 mm 为合格	上极限偏差为 +0.05 mm，下极限偏差为 -0.05 mm，上、下极限偏差限定了零件公称尺寸的允许变动范围
	3×φ3	3 个 φ3 mm 清根小孔	用 φ3 mm 麻花钻直接钻出，无公差要求
	8	板厚 8 mm	无公差要求
几何公差	⌯ 0.1 A	（18±0.05）mm 尺寸两侧面的中心平面相对于基准 A 的对称度公差为 0.1 mm	当被测要素为轴线或中心平面时，位置公差标注箭头的指引线应与尺寸线对齐；当基准要素是轴线或中心平面时，基准符号中的细实线应与尺寸线对齐
	∠ 0.05 B	图样上 60°角斜边相对于基准 B 的倾斜度公差为 0.05 mm	
表面粗糙度	√Ra 3.2	各表面粗糙度要求 Ra 3.2 μm	表面粗糙度表示零件表面的微观不平的程度，表面粗糙度值越大，说明表面越粗糙
	√	不去材料获得	

小　　结

零件图是制造和检验零件的依据，是反映零件结构、大小及技术要求的载体。根据零件图能想象零件的结构形状，了解零件的尺寸和技术要求，为加工合格零件做好准备。

阶段性实训　拆卸台虎钳和测量工件

一、任务分析

本任务要求通过台虎钳的拆装和测量工件这一工作任务，完成对钳工的工作内容、场地设备、常用工具、安全文明生产的基本认知，能够按照操作规范对台虎钳进行正确地拆卸安装、使用；并熟练使用各种钳工工具完成对工件的检测。操作过程中确保人身安全和设备安全，建立起钳工的职业岗位意识。

二、加工准备

在钳工操作中一般分为场地准备和个人准备，其中场地工量刃具准备清单是根据实习教学常规而准备的，准备齐全后一般不再变化，部分工具和设备由多名学生共用，如表1-4所示；学生的个人工量刃具准备清单则根据所学任务的不同有所变化。

表1-4　场地工量刃具准备清单

序号	名称	规格	数量
1	台虎钳	（1）台虎钳可选用125 mm 或其他相近型号； （2）台虎钳必须每人配备1台，且有备用	20
2	钳工工作台	（1）安装台虎钳后，钳工工作台高度应符合要求； （2）钳工工作台大小符合规定，工量具放置位置合理	10
3	螺丝刀	一字螺丝刀、十字螺丝刀	20
4	外六角扳手	5 mm	20
5	活络扳手	自定	20
6	钢丝刷	自定	20
7	毛刷	自定	20
8	油枪	自定	20
9	润滑油	煤油、柴油	若干
10	防锈油	自定	若干
11	游标卡尺	0~150 mm	20

续表

序号	名称	规格	数量
12	外径千分尺	0~25 mm	20
13	外径千分尺	50~75 mm	20
14	内径千分尺	5~30 mm	20
15	深度千分尺	0~25 mm	20
16	万能角度尺	0°~320°	20
17	U形工件、工字钢	按图样准备	20

三、任务实施

1. 台虎钳的拆装操作

台虎钳是钳工主要用到的工具之一，图1-2所示为回转式台虎钳。装拆、保养时，首先要了解台虎钳的结构、工作原理，准备好训练需用的工具；注意拆卸顺序正确，拆下的零部件排列有序并清理干净、涂油；装配后要检查是否使用灵活，如表1-5所示。

表1-5 台虎钳的拆装操作过程

序号	工作内容		目标要求	作业图
1	拆卸台虎钳	（1）拆下活动钳身。逆时针转动长手柄，一手托住活动钳身并慢慢取出	（1）拆卸钳身时，注意防止掉落。 （2）正确使用扳手、两手配合防止掉落。 （3）维护时，应针对各移动、转动、滑动部件做清洁和润滑处理。违反操作的酌情扣分	
		（2）依次拆下开口销、挡圈、弹簧，将丝杠从活动钳身取出		
		（3）拆下固定钳身。转动短手柄松开锁止螺钉，将固定钳身从转盘座上取出		
		（4）拆下丝杠螺母。用活络扳手松开紧固螺钉，拆下丝杠螺母		
		（5）拆下两个钳口。用螺丝刀（或外六角扳手）松开钳口紧固螺钉。拆下转盘座和夹紧盘。用活络扳手松开紧固转盘座和钳工工作台的三个连接螺栓		

续表

序号	工作内容		目标要求	作业图
2	检查台虎钳	（1）清理各零部件。用毛刷清理各零部件以及钳工工作台表面。一些积留在钳口、转盘座和夹紧盘上的切屑可用钢丝刷清除	清洗干净零部件便于检查；更换损坏零件，登记备案；各部件注意摆放整齐	
		（2）检查挡圈和弹簧是否固定良好		
		（3）检查钳口螺钉是否松动		
		（4）检查丝杠和丝杠螺母磨损情况		
		（5）检查铸铁部件是否有裂纹		
		（6）以上部件检查中若发现有异常，应立即调整和更换		
3	保养台虎钳	丝杠、丝杠螺母涂润滑油，其他螺钉涂防锈油	维护时，应针对各移动、转动、滑动部件做清洁和润滑处理	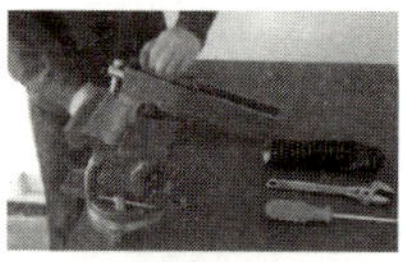
4	装配台虎钳	（1）安装固定钳身。将固定钳身置于转盘座上，插入两个短手柄，顺时针旋转，将固定钳身固定在转盘座上。安装时要注意固定钳身上左右应分别对准夹紧盘上的螺孔	（1）保证夹持长条形工件时，工件不受钳工工作台边缘的阻碍。（2）确保钳身在加工时没有松动现象。（3）在装配中不轻易用锤子敲打，在装配前应将全部零件用煤油清洗干净，对配合面、加工面一定要涂上机油，方可装配。（4）整体运行平稳，没有卡阻、爬行现象	
		（2）旋紧丝杠螺母上的紧固螺钉，安装丝杠螺母		
		（3）将活动钳身推入固定钳身中，顺时针转动长手柄，完成活动钳身的安装。注意：将活动钳身推入固定钳身中时，需用手托住其底部，防止活动钳身突然掉落，造成其损坏和砸伤脚面		
		（4）正反转动长手柄，检查活动钳身运动是否顺畅、稳定		

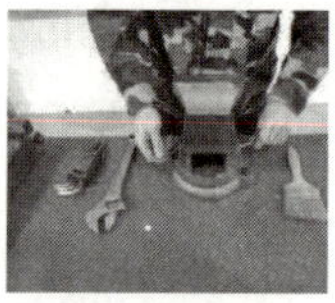

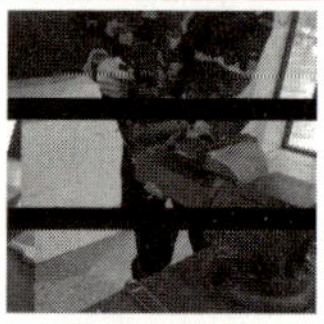

2. 测量工件

1）游标卡尺测量 U 形工件

工件图如图 1-36 所示。正确使用游标卡尺测量工件，测量的步骤包括测量前检查量具、用量具接触工件、读数等。测量中还要注意动作、姿势的正确，测量后量具的保养。游标卡尺测量 U 形工件的方法如表 1-6 所示。

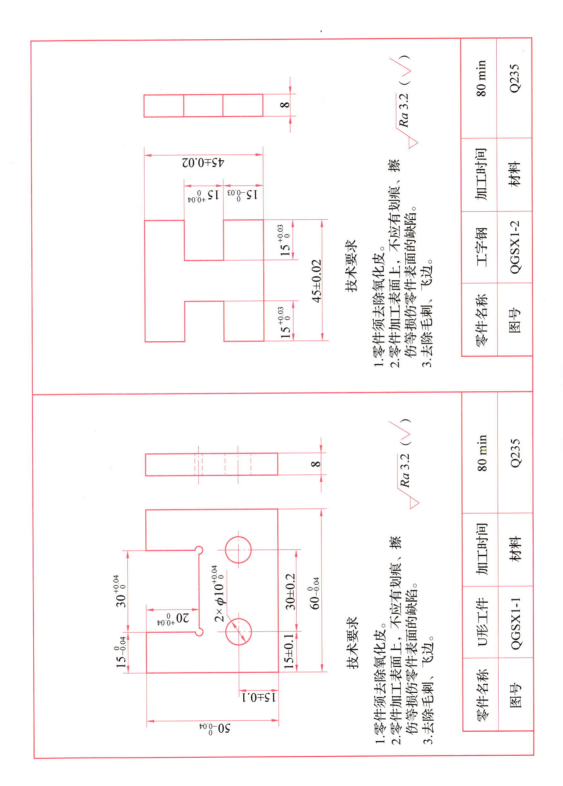

图1-36 工件图

表1-6 游标卡尺测量U形工件的方法

序号	工作内容	目标要求	作业图
1	检查游标卡尺。松开紧固螺钉，擦干净两量爪测量面，合并两量爪，透光检查游标零线与主尺零线是否对齐。若未对齐，应根据原始误差修正测量读数	测量前，要校对游标卡尺零位，检查量爪是否平行，若有问题应及时检修	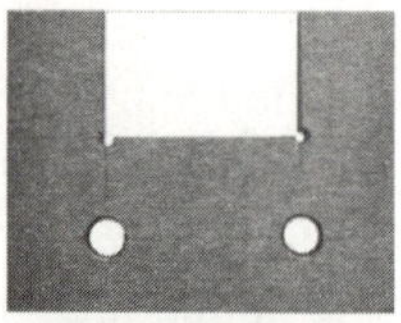 
2	测量外形尺寸60 mm	测力要适当，读数时应与尺面垂直。不允许测量运动中的工件。测量点要尽可能靠近尺身，紧固螺钉应适当拧紧，以减少测量误差。从刻度线的正面正视刻度。先读出主尺刻度值（整毫米数），再找出游标对齐刻线，读出小数值。整毫米数+小数值即测量值	
	测量外形尺寸50 mm		
	测量外形尺寸15 mm		
	测量外形尺寸8 mm		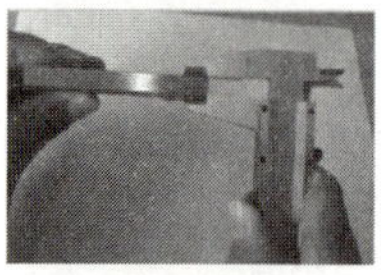
3	测量槽宽30 mm		
	测量两孔直径ϕ10 mm		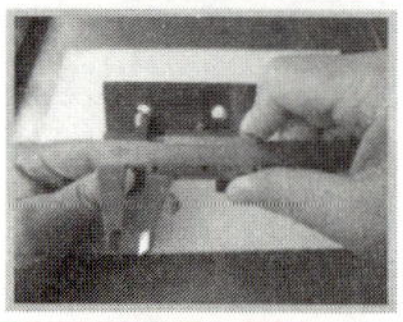
	测量孔距30 mm		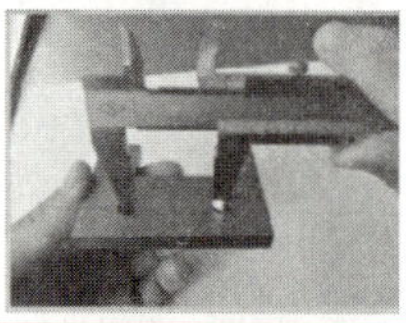
4	测量槽深20 mm		

续表

序号	工作内容	目标要求	作业图
5	放置与保存游标卡尺	游标卡尺不能与其他工具、量具叠放。用完后,仔细擦净,抹上防护油,量爪之间保持 0.1~0.2 mm 间隙,平放在盒内,不可将紧固螺钉拧紧	

2) 千分尺测量工字钢

使用外径千分尺进行精密工件测量,测量的步骤、动作、姿势是保证测量准确性的重要因素。测量前应检查外径千分尺;测量时要注意动作、姿势正确,使用合适的测量力,如图 1-37(a) 所示,读数要正视;测量后要正确保养。平时要防止有错误的测量动作和习惯,如图 1-37(b) 所示。千分尺测量工字钢的方法如表 1-7 所示。

(a)　　　　　　　　　　　(b)

图 1-37　外径千分尺的测量方法

(a) 正确的测量方法;(b) 错误的习惯

表 1-7　千分尺测量工字钢的方法

序号	工作内容	目标要求	作业图
1	(1) 0~25 mm 外径千分尺和 50~75 mm 外径千分尺按照外径千分尺的零位校对方法校零。 (2) 5~30 mm 内径千分尺应使用配备的校准环进行校准,其孔直径为 5 mm,使用内径千分尺测量的结果为 5 mm。 (3) 0~25 mm 深度千分尺采用 00 级平台校对零位	将平台、深度千分尺的基准面和测量面擦干净。旋转微分筒使其端面退至固定套筒的"0"刻线之外,然后将千分尺的基准面贴在平台的工作面上,左手压住底座,右手慢慢旋转测力装置	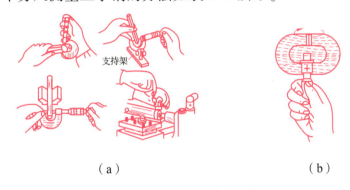

续表

序号	工作内容	目标要求	作业图
2	测量厚度 8 mm 测量外形尺寸 15 mm 测量外形尺寸 45 mm	在测量面与平台的工作面接触后检查零位：微分筒上的"0"刻线应对准固定套管上的纵刻线，微分筒锥面的端面应与套管"0"刻线相切。 　　测量工件。将工件置于稳定状态并处于两测量面间。左手拿住尺架绝热板部分，右手转动测力装置至发出"咔咔"声为止，表示测量力适度。 　　读数。从刻度线的正面正视刻度。先读出固定套管上的整毫米数和半毫米数，再读出微分筒上的小数值。测量值=整毫米数+半毫米数+小数值	
3	测量槽宽 15 mm		
4	测量槽深 15 mm		
5	放置与保存千分尺	千分尺不能与其他工具、量具叠放。用完后，仔细擦净，测量面抹上防护油并将两测量面分开 0.1～0.2 mm，不可将锁紧螺钉拧紧，平放在盒内，置于干燥处	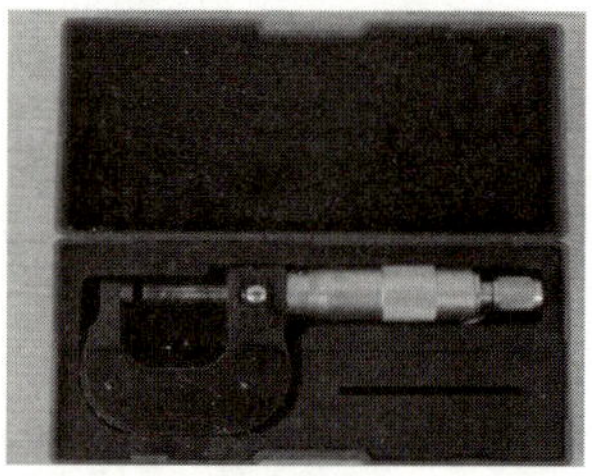

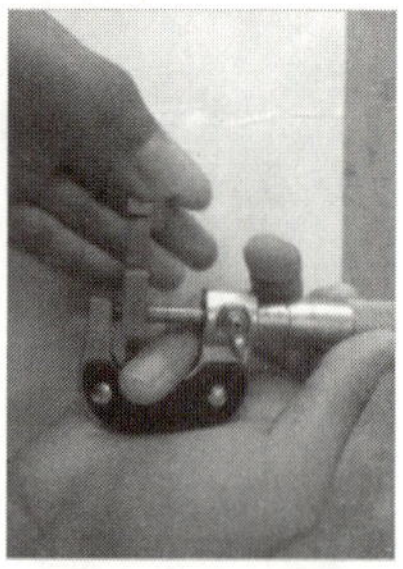

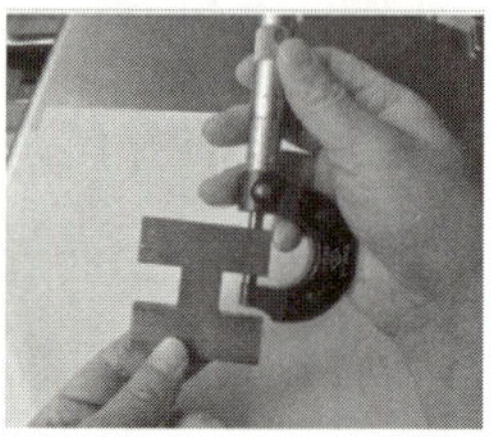

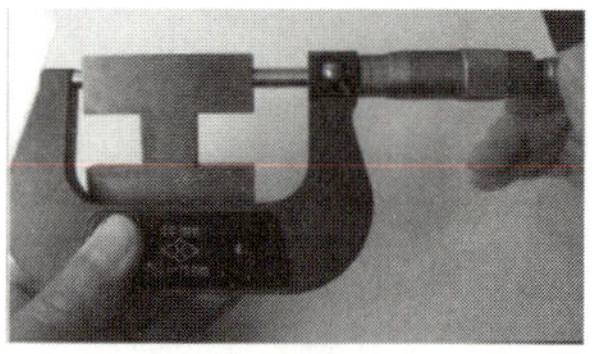

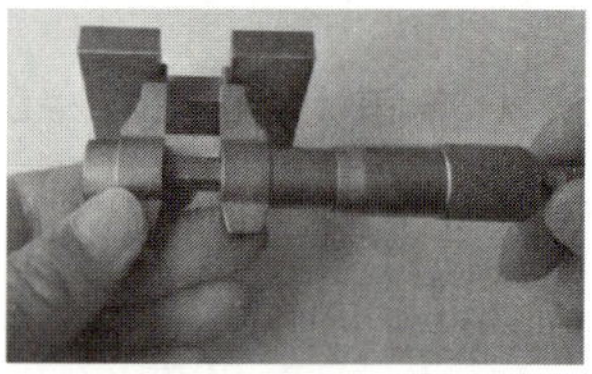

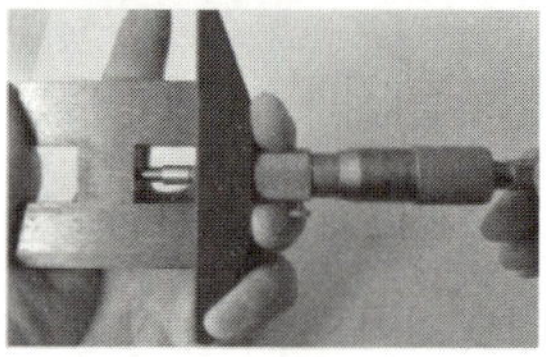

3) 万能角度尺测量工件角度

使用万能角度尺进行工件角度测量，测量的步骤、动作、姿势是保证测量准确性的重要因素。测量前应检查万能角度尺；测量时要注意动作、姿势正确，使用合适的测量力，读数要正视；测量后要正确保养。万能角度尺测量角度的方法如表1-8所示。

表1-8 万能角度尺测量角度的方法

序号	工作内容	目标要求	作业图
1	校正零位	万能角度尺使用前应先校准零位。万能角度尺的零位，是直尺与直角尺均装上，当直角尺和基尺的底边与直尺无间隙接触，此时主尺的"0"刻线与游标的"0"刻线对准	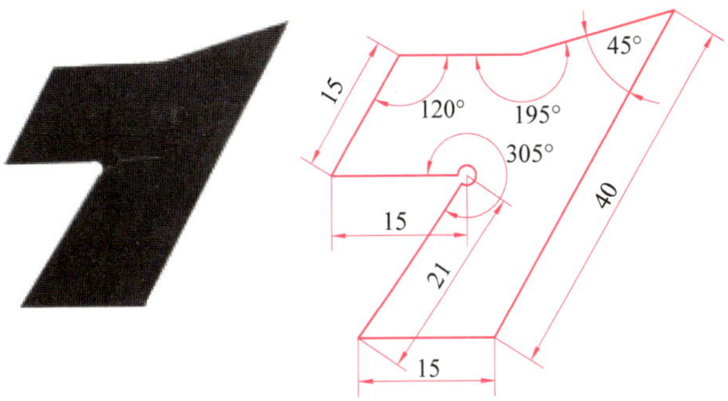 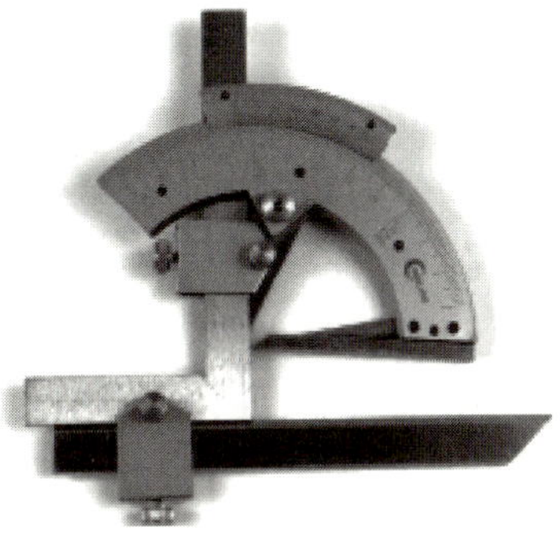
2	测量0°的方法 测量45° 测量120° 测量195°	根据被测量工件的不同角度正确使用基尺、直尺和直角尺。 使用前，先将万能角度尺擦拭干净，再检查尺身和游标"0"刻线是否对齐，基尺和直尺是否有间隙。 测量时，万能角度尺的两测量面和工件被测表面的贴合情况将直接影响测量数值的准确性	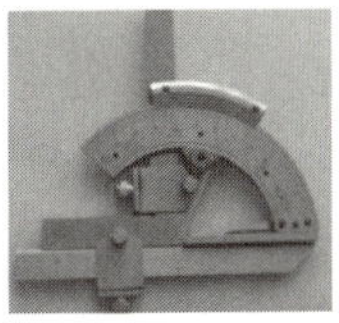

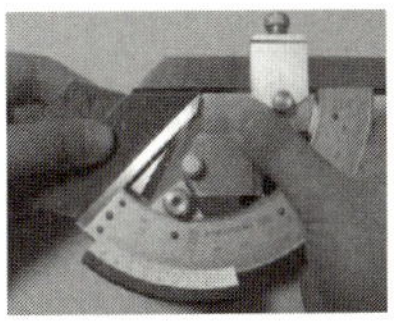

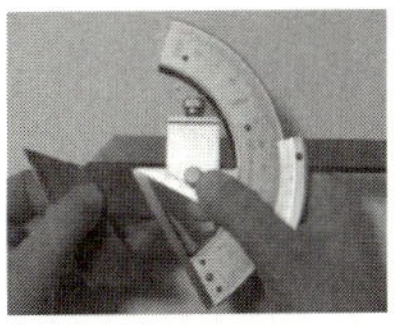

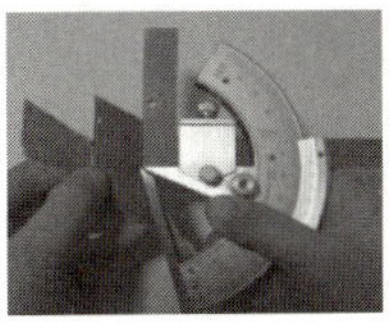

续表

序号	工作内容	目标要求	作业图
2	测量305°		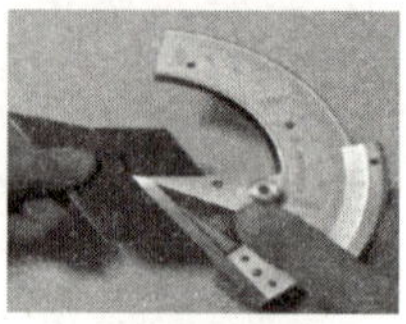
	测量320°		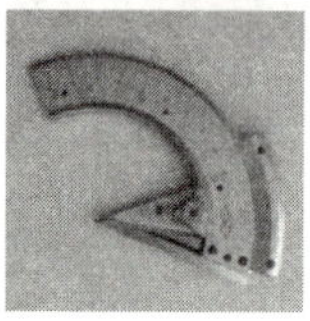
3	放置与保存万能角度尺	测量完毕后,应用汽油或酒精把万能角度尺洗净,再用干净纱布仔细擦干,涂上防锈油,然后装入专用盒内存放	

四、任务评价

(1) 钳工操作常识评价如表如1-9所示。

表1-9 钳工操作常识评价

序号	项目及标准	配分	得分	备注
1	文明生产的理解和记忆	10		
2	钳工操作规程的理解和记忆	10		
3	了解各种钳工用具	10		
4	了解各种钳工设备	10		
5	游标卡尺的使用	10		
6	千分尺的使用	10		
7	万能角度尺的使用	10		
8	保养维护设备、工具和量具	5		
9	工作场地清洁	5		
10	识图能力	20		
	总分			

(2) 拆装台虎钳评价如表如 1-10 所示。

表 1-10 拆装台虎钳评价

序号	拆装步骤	项目及标准	配分	目标要求	得分	备注
1	拆装前准备	（1）常用工具、润滑油、防锈油、机油、除锈剂； （2）清洗用的煤油或柴油； （3）零件挂架、容器等	10	操作前应根据所用工具的需要和有关规定，穿戴好劳动保护用品；违反操作的酌情扣分		
2	拆卸活动钳身	旋转长手柄直到台虎钳丝杠与丝杠螺母分离，然后抽出活动钳身	5	拆卸活动钳身时，注意防止掉落；违反操作的酌情扣分		
3	拆卸丝杠	取出丝杠上的开口销、抽出丝杠上的垫圈和弹簧，最后从活动钳身上抽出丝杠	5	正确使用扳手、两手配合防止掉落；违反操作的酌情扣分		
4	拆卸台虎钳	拆卸钳口	用外六角扳手将与钳身相连的钳口上的螺钉拧掉，取下钳口	5	正确使用扳手、两手配合防止掉落；违反操作的酌情扣分		
5		拆卸丝杠螺母	用活络扳手将丝杠螺母与固定钳身相连的螺钉取下，拿出丝杠螺母	5	正确使用扳手、两手配合防止掉落；违反操作的酌情扣分		
6		拆卸固定钳身	将固定钳身与转盘座相连螺钉取下，然后取下固定钳身	5	正确使用扳手、两手配合防止掉落；违反操作的酌情扣分		
7		拆卸转盘座和夹紧盘	用活络扳手将转盘座与夹紧盘相连的螺钉取下，取出转盘座和夹紧盘防止摔落	5	正确使用扳手、两手配合防止掉落；违反操作的酌情扣分		

续表

序号	拆装步骤		项目及标准	配分	目标要求	得分	备注
8	清洁、保养台虎钳	清洁固定钳身、丝杠螺母、丝杠	将台虎钳各部件上的碎屑和油污清除	10	清洗干净零部件便于检查；更换损坏零件，登记备案；违反操作的酌情扣分		
9		检查垫圈、弹簧、丝杠、丝杠螺母、螺钉	检查各零件是否变形，有裂纹、磨损等现象应及时更换	10	各件注意摆放整齐；更换损坏零件，登记备案；违反操作的酌情扣分		
10		保养各个零部件	丝杠螺母的孔内涂适量的黄油，钢件上涂防锈油等	5	维护时，应针对各移动、转动、滑动部件做清洁和润滑处理；违反操作的酌情扣分		
11	装配台虎钳	台虎钳位置	固定钳身的钳口一部分处在钳工工作台边缘外	5	保证夹持长条形工件时，工件不受钳工工作台边缘的阻碍；违反操作的酌情扣分		
12		台虎钳固定	台虎钳一定要牢固地固定在钳工工作台上，两个压紧螺钉必须拧紧，否则会损坏台虎钳和影响加工	5	确保钳身在加工时没有松动现象；违反操作的酌情扣分		
13		台虎钳装配顺序	回装时，要注意装配顺序（包括零件的正反方向），装配顺序与拆卸相反，做到一次装成	5	在装配中不轻易用锤子敲打，在装配前应将全部零件用煤油清洗干净，对配合面、加工面一定要涂上机油，方可装配；违反操作的酌情扣分		
14		台虎钳验收	台虎钳运行平稳	10	整体运行平稳，没有卡阻、爬行现象；违反操作的酌情扣分		
15		现场记录	遵守工作现场规章制度和安全文明要求；工具正确使用；零件正确清理、清洗	10	违反操作的酌情扣分		
16			合计	100			

42

(3) 小组学习活动评价如表 1-11 所示。

表 1-11 小组学习活动评价

评价项目	评价内容及评价分值标准			自评	互评	教师评价	平均分
	优秀 16~20 分	良好 13~15 分	继续努力 12 分以下				
分工合作	小组成员分工明确、任务分配合理	小组成员分工较明确，任务分配较合理	小组成员分工不明确，任务分配不合理				
知识掌握	概念准确，理解透彻，有自己的见解	不间断地讨论，各抒己见，思路基本清晰	讨论能够进行，但有间断，思路不清晰，对知识的理解有待进一步加强				
技能操作	能按技能目标要求规范完成每项操作任务	在教师或师傅进一步示范、指导下能完成操作任务	在教师或师傅的示范、指导下较吃力地完成每项操作任务				
总分							

五、任务小结

针对学生训练情况进行讲评，对具有共性的问题进行分析讨论，展示优秀作品。要求学生在加工规范性上严格要求自己，遵守课堂纪律，安全文明生产。

拓展提升

一、技能强化

1. 在规定时间内测量四方板工件（图 1-38），检测一下对量具的掌握程度。
2. 识读零件图（图 1-39），完成相关尺寸的测量。

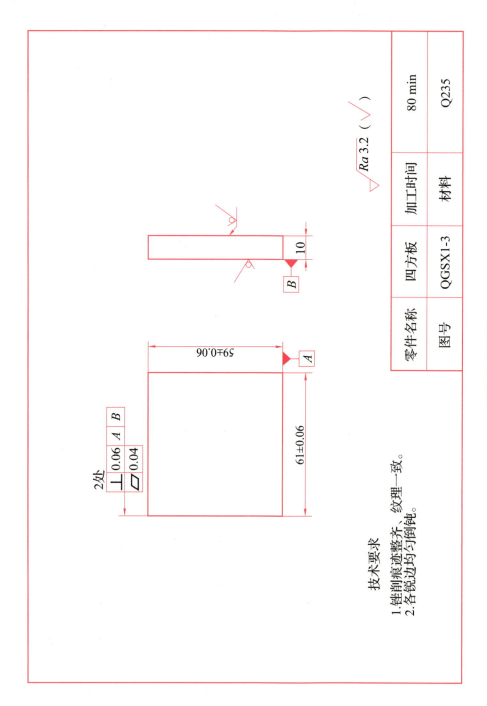

图1-38 四方板

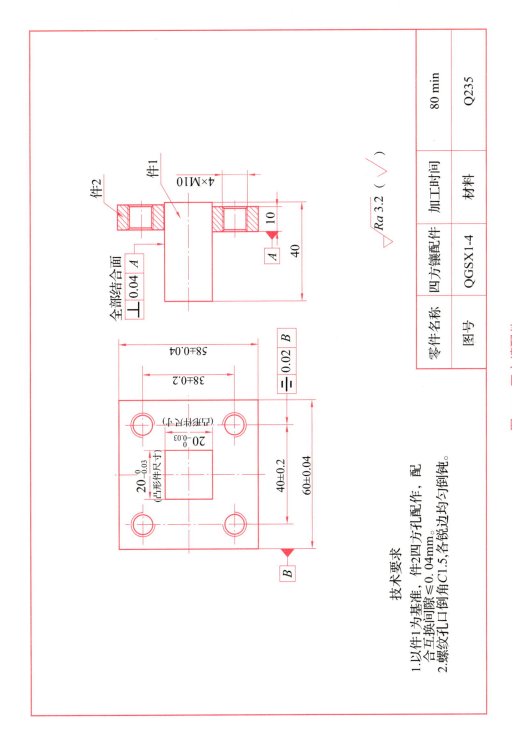

图1-39 四方镶配件

二、典型例题

1. 下列量具中不属于通用量具的是（　　）。

   A. 钢直尺　　　　　B. 量块　　　　　C. 游标卡尺　　　　D. 千分尺

2. 游标卡尺主尺的刻线间距为（　　）。

   A. 1 mm　　　　　B. 2 mm　　　　　C. 0.1 mm　　　　D. 0.5 mm

3. 测量精度为 0.02 mm 的游标卡尺，两量爪并拢时，尺身上 49 mm 对正游标上（　　）格。

   A. 20　　　　　　B. 40　　　　　　C. 50　　　　　　D. 49

4. 千分尺一般可检测尺寸公差等级为（　　）。

   A. IT7～IT5　　　B. IT9～IT7　　　C. IT11～IT9　　　D. IT13～IT11

5. 下面关于千分尺的说法不正确的是（　　）。

   A. 测量不同精度等级的工件，应选用不同精度的千分尺

   B. 不可测量粗糙零件表面

   C. 可以代替卡规使用

   D. 使用前应校对零线

6. 关于游标卡尺的使用及维护保养，下列叙述正确的是（　　）。

   A. 目前机械加工中常用精度为 0.05 mm 的游标卡尺

   B. 用游标卡尺测量外径前，应使卡口宽度尺寸等于被测量尺寸

   C. 游标卡尺是一种中等精度的量具，可用来测量毛坯件

   D. 测量前应清洁工件和量爪

7. 用外径千分尺测量尺寸 28.65 mm，活动套管边缘位于固定套管（　　）mm 后面。

   A. 28　　　　　　B. 28.5　　　　　C. 29　　　　　　D. 30

8. 量块按制造精度分为（　　）。

   A. 2 级　　　　　B. 3 级　　　　　C. 4 级　　　　　D. 5 级

9. 用来检定、校准量具和量仪的基准，同时在测量时用来调整测量器具的零位的量具是（　　）。

   A. 正弦规　　　　B. 量块　　　　　C. 卡规　　　　　D. 百分表

10. 万能角度尺的读数机构是根据游标原理制成的，在尺面上的半径方向均匀刻有＿＿＿＿条刻线，每格的夹角为＿＿＿＿。（　　）

    A. 100、1°　　　B. 120、1°　　　C. 100、2°　　　D. 90、1°

11. 万能角度尺的测量范围为（　　）。

    A. 0°～180°　　B. 0°～90°　　　C. 0°～320°　　　D. 0°～360°

12. 正弦规需要和（　　）一起使用。

    A. 量块　　　　　B. 钢直尺　　　　C. 游标卡尺　　　D. 塞尺

13. 正弦规是测量（　　）的常用量具。
    A. 锥度　　　　　　B. 长度　　　　　　C. 弧度　　　　　　D. 圆度
14. 精度为 0.02 mm 的游标卡尺，当零线对齐时，游标上的 50 格与主尺上（　　）格对齐。
    A. 47　　　　　　　B. 48　　　　　　　C. 49　　　　　　　D. 50
15. 关于外径千分尺，下列说法中正确的是（　　）。
    A. 用外径千分尺测量毛坯件及未加工表面
    B. 外径千分尺能在工件转动时进行测量
    C. 测量时要握住绝热板处，将外径千分尺放正并注意温度的影响
    D. 允许用砂纸或硬的金属刀具去污或除锈
16. 使用千分尺测量时，两测量面应（　　）于工件被测量的表面。
    A. 大　　　　　　　B. 等　　　　　　　C. 平行　　　　　　D. 任意
17. 下列量具可以估读一位的是（　　）。
    A. 游标卡尺　　　　B. 外径千分尺　　　C. 螺纹规　　　　　D. 卡钳
18. 下列量具不能直接读数的是（　　）
    A. 高度游标卡尺　　B. 螺纹规　　　　　C. 游标卡尺　　　　D. 千分尺
19. 分度值为 0.02 mm 的游标卡尺，当其读数为 42.16 mm 时，游标尺上的第 8 格刻度线对齐主尺上的第（　　）条刻度线。
    A. 42　　　　　　　B. 60　　　　　　　C. 50　　　　　　　D. 56
20. 用一外径千分尺测量 20 mm 的块规，读数为 20.034 mm，现用该尺测量一工件外径尺寸，读数为 15.325 mm，实际尺寸应是（　　）。
    A. 15.325 mm　　　B. 20.034 mm　　　C. 15.291 mm　　　D. 20.291 mm
21. 精度为 0.02 mm 的游标卡尺，当游标卡尺读数为 30.60 时，游标上第（　　）格与主尺刻度线对齐。
    A. 30　　　　　　　B. 21　　　　　　　C. 42　　　　　　　D. 49
22. 在钳工的装配和检修工作中，使用（　　）可以测量和检验某些零件、部件的同轴度、直线度、垂直度等组装后的精度。
    A. 外径千分尺　　　B. 百分表　　　　　C. 游标卡尺　　　　D. 深度千分尺
23. 使用百分表测量时，应使测杆（　　）零件被测表面。
    A. 垂直于　　　　　B. 平行于　　　　　C. 倾斜于　　　　　D. 任意位置于
24. 钢直尺是一种最常用、最简单的量具，它的最小刻度为（　　）mm。
    A. 0.01　　　　　　B. 0.1　　　　　　C. 0.5　　　　　　D. 0.05
25. 下列量具不能直接读数的是（　　）。
    A. 游标卡尺　　　　B. 卡钳　　　　　　C. 钢直尺　　　　　D. 百分表

26. 如图1-40所示千分尺的读数是（　　）。

A. 5.52

B. 6.68

C. 7.41

D. 7.89

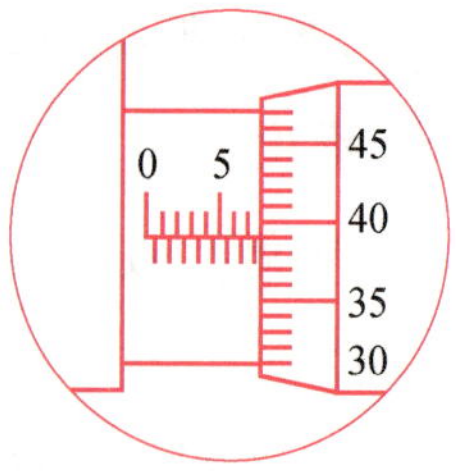

图1-40　千分尺读数

三、高考回放

1. （2011年高考）某工件的外径尺寸在零件图上的标注为 $\phi20$，加工后用游标卡尺实际测量，读数如图1-41所示，则工件（　　）。

  A. 实测值是19.49，加工尺寸合格　　　B. 实测值是19.49，加工尺寸不合格

  C. 实测值是19.98，加工尺寸合格　　　D. 实测值是19.98，加工尺寸不合格

2. （2012年高考）图1-42所示为外径千分尺测量示意图，读数正确的是（　　）。

  A. 65.49 mm　　　B. 68.99 mm　　　C. 65.99 mm　　　D. 68.49 mm

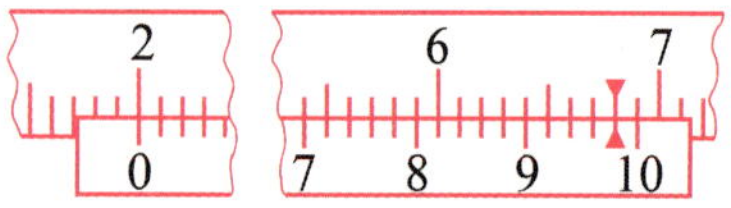

图1-41　游标卡尺读数

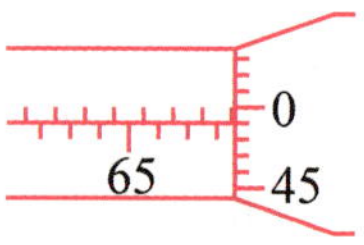

图1-42　外径千分尺测量示意图

3. （2014年高考）测量圆柱度使用的测量仪器是（　　）。

  A. 千分尺　　　　　　　　　　　　　B. 百分表和V形架

  C. 刀口尺　　　　　　　　　　　　　D. 导向套筒和百分表

4. （2016年高考）精度为0.02 mm的游标卡尺，当读数为30.42 mm时，游标尺（　　）条划线与主尺刻线对齐。

  A. 22　　　　　B. 21　　　　　C. 30　　　　　D. 42

5. （2016年高考）用来检定、校准量具和量仪的基准，同时也能调整测量器具零位的量具是（　　）。

  A. 百分表　　　B. 水平仪　　　C. 正弦规　　　D. 量块

6. （2017年高考）万能角度尺拆去直尺和直角尺后，测量工件的数值如图1-43所示，则测量值是（　　）。

  A. 92°30′　　　　　　　　　　　　　B. 108°30′

  C. 272°28′　　　　　　　　　　　　 D. 287°28′

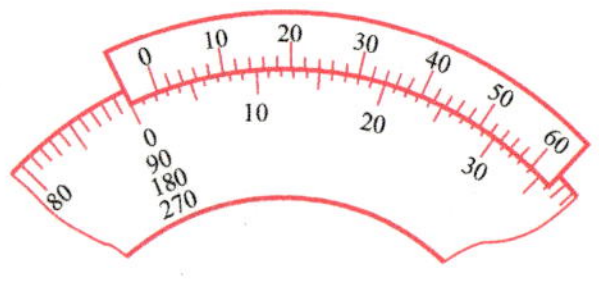

图1-43　万能角度尺读数

7. （2018年高考）能够直接测量出外螺纹中径尺寸的工具是（　　）。

  A. 螺纹环规　　　　　　　　　　　　B. 光滑极限卡规

  C. 螺纹三针　　　　　　　　　　　　D. 螺纹千分尺

8. （2018 年高考）在车床上装夹圆棒料时，能够准确检测是否夹正的量具是（　　）。
A. 百分表　　　　　B. 千分尺　　　　　C. 游标卡尺　　　　　D. 水平仪
9. （2019 年高考）下列划线工具中，不能与划针配合使用的是（　　）。
A. 钢直尺　　　　　　　　　　　B. 直角尺
C. 划线角度规　　　　　　　　　D. 高度游标卡尺
10. （2021 年高考）既能划线又能读取数据的划线工具是（　　）。
A. 方箱　　　　　　B. 划规　　　　　C. 划线盘　　　　　D. 高度游标卡尺
11. （2021 年高考）检验锉削表面平面度，与刀口直尺配合使用的量具是（　　）。
A. 量块　　　　　　B. 塞尺　　　　　C. 直角尺　　　　　D. 游标卡尺
12. （2022 年高考）既能划线又能直接测量尺寸的划线工具是（　　）。
A. 划规　　　　　　B. 划针　　　　　C. 划线盘　　　　　D. 高度游标卡尺

模块二

划　　线

　　划线是零件加工过程中一道重要工序，广泛应用于单件和小批量生产中，是钳工必须掌握的一项基本操作技能。划线精度一般为 0.25~0.5 mm。在加工过程中，必须通过测量来保证尺寸的准确度。

知识目标
1. 掌握划线的种类、划线的作用及划线基准的选择。
2. 掌握常用划线工具的种类和使用常识。
3. 掌握划线时找正和借料的方法。
4. 掌握划线的具体操作步骤。

技能目标
1. 能正确选择划线基准。
2. 能正确使用划线工具划出简单零件的加工轮廓线。

素养目标
1. 具有安全意识，能够遵守操作规程，具有良好的工作习惯与职业道德，培养不怕累、肯吃苦、勇于挑战的劳动精神。
2. 具有团队协作意识和工匠精神，善于与同学合作，共同完成复杂的任务，积极配合团队工作。

课题一　正确使用划线工具

根据图样要求，在毛坯或工件上，用划线工具划出待加工部位的轮廓线或作为基准的点和线，这些点和线表明了工件某部分的形状、尺寸或特征，并确定了加工的尺寸界线，称为划线。划线主要涉及下料、锉削、钻削以及车削等加工工艺。

划线分平面划线和立体划线两种。平面划线是指只需要在工件的一个表面上划线，就能表示加工界线的划线方法，如图 2-1（a）所示。需要在工件的几个互成不同角度（通常是互相垂直）的表面上划线，才能明确表示加工界线的，称为立体划线，如图 2-1（b）所示。

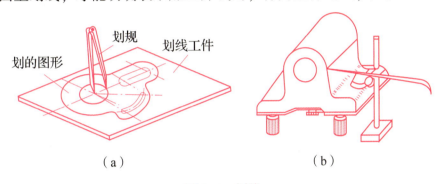

图 2-1　划线
(a) 平面划线；(b) 立体划线

一、划线的基本要求

划线除要求划出的线条清晰、样冲眼均匀，最重要的是保证尺寸准确。在立体划线中还应注意使长、宽、高三个方向的线条互相垂直。由于划线有一定的宽度，一般要求划线精度达到 0.25~0.5 mm。如划线时出现错误或精度太低，便有可能造成加工错误而使工件报废。通常不能依靠划线直接来确定加工时的最后尺寸，而是在加工过程中仍要通过测量来控制工件的尺寸精度，因此划线要一次完成。

二、划线的作用

在钳工加工中，划线是相当重要的，它是钳工的加工基础。不仅确定工件的加工余量，使机械加工有明确的尺寸界线，也便于复杂工件在机床上安装，可以按划线找正定位。而且在板料上按划线下料，可以正确排料，也能通过划线及时地发现和处理不合格毛坯，避免加工后造成损失，更合理地使用材料。采用借料划线可以使误差不大的毛坯得到补救，加工后零件仍能达到要求，这样可提高毛坯的利用率。

三、常用划线工具及使用方法

1. 划线平板

划线平板是划线的基准工具，有用铸铁制成的，也有用大理石制成的，表面经过精刨、刮削等精密加工的平板，如图 2-2 所示。其可用作划线时的基准平面，用来安装工件和划线工具，并进行划线工作。所以使用时要避免撞击、磕碰，以免降低其精度。使用完后要擦拭干净，并涂上机油以防生锈。

图 2-2 划线平板

（a）铸铁划线平板；（b）大理石划线平板

2. 划线工具

1）划针

划针用来在工件上划线条，由碳素工具钢或硬质合金焊接在普通钢材头部制成。直径为 3~6 mm，长为 200~300 mm，尖端成 15°~20°的夹角，如图 2-3 所示。

划针划线时需配合钢直尺、直角尺、样板等导向工具使用，针尖要紧靠导向工具的边缘，上部向外倾斜 15°~20°，向划线方向倾斜 45°~75°，如图 2-4 所示。尽量做到一次划成，不要连续几次重复地划同一条线，否则线条变粗或不重合，反而模糊不清。

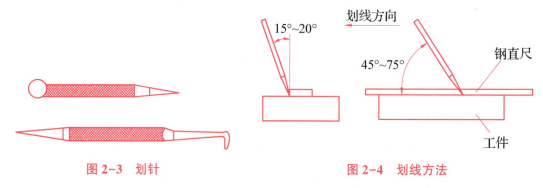

图 2-3 划针   图 2-4 划线方法

2）划规

划规是划圆、弧线、等分线段及量取尺寸等使用的工具，它的用法与制图中的圆规相似，如图 2-5 所示。划规分为普通划规、扇形划规、弹簧划规和长划规，其中普通划规应用最广泛。

粗毛坯表面划线用扇形划规，半成品表面划线用弹簧划规，长划规用于划大直径的圆和圆弧。

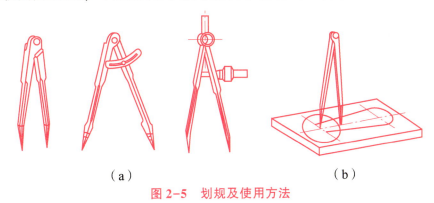

图 2-5 划规及使用方法

（a）常用划规；（b）划规的使用方法

3）划线盘

划线盘用来在划线平板上对工件进行划线或找正工件在划线平板上的正确安放位置，如图 2-6 所示。划针的直头端用来划线，弯头端用来对工件安放位置的找正。划线时，划针伸出要短，并处于水平位置，确保划针夹牢；划线盘移动时，用手握住底座，划针与工件表面沿线方向成 30°~60°。如果划长线，采用分段连接的方式。

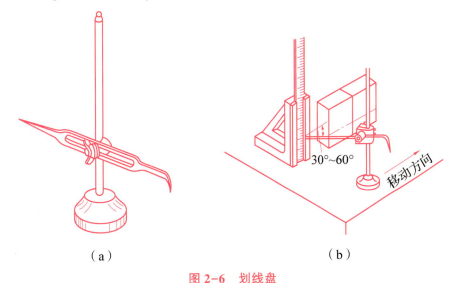

图 2-6 划线盘

（a）划线盘；（b）划线盘的使用方法

4）高度游标卡尺

高度游标卡尺用于测量零件的高度和精密划线。调整好划线高度后，应旋紧游标上的锁紧螺钉，以免出现划线误差。划线时，划针头要与工件表面沿划线方向成 40°~60°，压力要适中，如图 2-7 所示。

5）样冲

样冲用于在工件已加工线条上冲点，加强界线标记和划圆弧或钻孔定中心。样冲用工具钢制成，尖端淬火增加硬度，其顶尖角度用于加强界线标记时约为 40°，用于钻孔定中心时约为60°，如图2-8（a）所示。使用时样冲外倾，使尖端对准十字线的正中，然后立直冲点，如图2-8（b）所示。

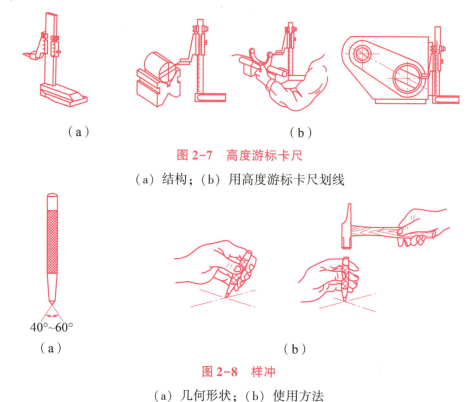

图2-7 高度游标卡尺

（a）结构；（b）用高度游标卡尺划线

图2-8 样冲

（a）几何形状；（b）使用方法

3. 支承工具

1）V形铁

V形铁通常是两个一起使用，用来安放圆柱形工件、划出中心线、找出中心等，还可以检验工件的垂直度、平行度，精密轴类零件的检测、定位及机械加工中的装夹，如图2-9所示。普通V形铁可以分为铸铁V形铁、大理石V形铁、磁性V形铁、钢制V形铁。其中铸铁V形铁的材质可以分为球铁和灰铁两类。一般V形铁都是一副两块，两块的平面与V形槽都是在一次安装中磨出的。精密V形铁的相互表面间的平行度、垂直度误差在0.01 mm之内，V形槽的中心线必须在V形铁的对称平面内并与底面平行，同心度、平行度的误差也在0.01 mm之内。精密V形铁划线时，带有夹持功能的V形铁可以把圆柱形工件牢固地夹持在V形铁上，翻转到各个位置划线。

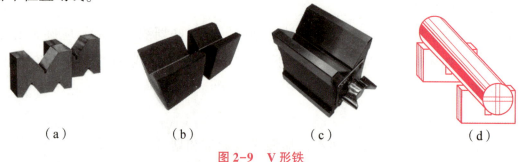

图2-9 V形铁

（a）铸铁V形铁；（b）大理石V形铁；（c）磁性V形铁；（d）划线

2）千斤顶

千斤顶用来支持毛坯或形状不规则的工件进行立体划线。它的高度可以调整，以便安放不同类型的工件，如图 2-10 所示。

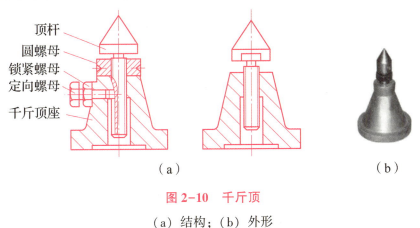

图 2-10　千斤顶

（a）结构；（b）外形

3）方箱

方箱是由相互垂直的平面组成的矩形基准器具，又称方铁。它是用铸铁或钢材制成的具有 6 个工作面的空腔正方体，在其中一个工作面上有一个 V 形槽，有的还具有两个相互垂直的 V 形槽，供安装轴类工件使用。方箱可用于零部件平行度、垂直度的检验和划线，万能方箱可用于检验或划精密工件的任意角度线。根据材料可分为铸铁方箱和大理石方箱。根据用途可分为划线方箱、检验方箱、磁性方箱、T 形槽方箱、万能方箱等。方箱是机械制造中零部件检测、划线等的基础设备，一般可分为 1 级、2 级和 3 级三种，其中 1 级和 2 级为检验方箱，3 级为划线方箱。

方箱上的 V 形槽平行于相应的平面，用于装夹圆柱形工件，如图 2-11 所示。划线时，可用 C 形夹头将工件夹于方箱上，再通过翻转方箱，便可以在一次安装的情况下，将工件上互相垂直的三个方向的线全部划出来。

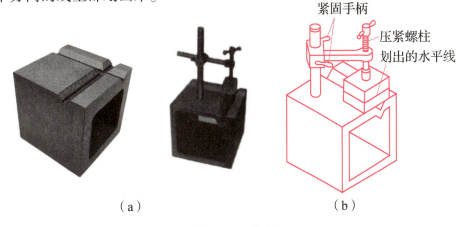

图 2-11　方箱

（a）铸铁方箱；（b）方箱的使用方法

4）垫铁

垫铁一般有平行垫铁和斜楔垫铁，如图 2-12 所示。平行垫铁相对的两个平面互相平行，每副平行垫铁有两块，两块的 h 和 b 两个尺寸是一起磨出的。平行垫铁常有许多副，其尺寸各不相同，主要用来把工件平行垫高。斜楔垫铁用于支承和调整各种毛坯件，也可用于微量调节工件的高低。

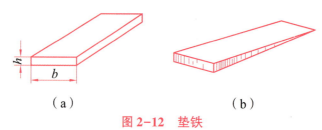

图 2-12　垫铁

（a）平行垫铁；（b）斜楔垫铁

划线工具的分类及应用特点如表 2-1 所示。

表 2-1　划线工具的分类及应用特点

工具名称		应用特点
基准工具	划线平板	用铸铁制成，用来安放工件和完成划线操作
直接划线工具	划针	用来划线，需配合钢直尺、直角尺或样板等导向工具一起使用
	划线盘	用来划线或找正工件的正确安放位置
	划规	划线时使用，可以划圆、等分线段、等分角度以及量取尺寸等
	高度游标卡尺	用在半成品表面划线，也可以用来测量工件高度
量具	高度尺	配合划线盘一起使用，以决定划针在平台上的高度尺寸
	高度游标卡尺	精密量具之一，也可作为精密划线工具
	万能角度尺	测量角度，也可以用来划角度线
导向工具	钢直尺	与划针配合划直线
	三角尺	与划针配合划直线
	曲线板	与划针配合划曲线
	直角尺	与划针配合划垂直线或平行线
	万能角度尺	角度量具，也可与划针配合划角度线
支承工具	方箱	方箱是一个空心的立方体或长方体。相邻平面相互垂直，相对平面相互平行，一般用铸铁制成
	V 形铁	V 形铁主要用来安放圆柱形工件，以便用划线盘划出或找出中心线
	千斤顶	三个一组使用，用来支承不规则的工件，特别是箱体类、叉架类零件
	垫铁	有平行垫铁和斜楔垫铁，用来调整零件高度

4. 分度头

分度头是铣床分度用的附件，钳工划线时也常用分度头对工件进行分度或划线，如图 2-13 所示。

分度头的主轴端有三爪卡盘，用来装夹工件。划线时，将分度头放在划线平板上，工件装于卡盘上，利用划线盘或高度游标卡尺，可直接进行分度划线。用分度头还可在工件上划出水平线、垂直线、角度斜线及圆的等分或不等分线，操作方便，精度较高。

图 2-13 分度头

分度头的主要规格是以主轴中心到底面高度（毫米）表示。一般常用的万能分度头有 F11100、F11125、F11160 等。如代号 F11125，F 表示分度头，11 表示万能，125 表示中心高为 125 mm。

分度头的分度原理如图 2-14 所示。当分度手柄转一周，蜗杆也转一周，与蜗杆啮合的 40 个齿的蜗轮转一个齿，即转 1/40 周，被三爪自定心卡盘夹持的工件也转 1/40 周。如果将工件做 z 等分，则每次分度主轴应转 $1/z$ 周，分度手柄每次分度应转过的圈数为 $n=40/z$。

根据分度头的型号，配套带一块或两块分度盘，如图 2-15 所示。每块分度盘两面分别钻有不同孔圈直径、孔数的圆周等分同径小孔。分度手柄的转数有时不是整数，要使分度手柄精确地转过一定的角度，这时就需要利用分度盘进行分度。根据分度盘各孔圈的孔数，来确定分度手柄应该转过的位置。用分度盘分度时，为了使分度准确而迅速，避免每次分度都要清点一次孔数，可利用安装在分度头上的分度叉进行计数，分度时应先按分度的孔数调整好分度叉，再转动手柄。

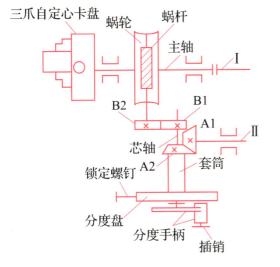

图 2-14 分度头的分度原理

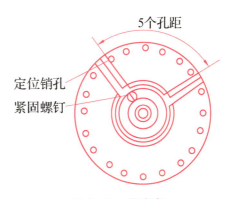

图 2-15 分度盘

【例 2-1】有一法兰圆周上需划 8 个孔，试求出每划完一个孔的位置后，手柄的回转数。

解：根据公式可得：$n=40/z=40/8=5$

即每划完一个孔的位置后,手柄应转 5 圈,再划另一孔,以此类推。

【例 2-2】将一圆等分成 30 等分,试求出每划完一个孔的位置后,手柄的回转数。

解:根据公式可得:$n = 40/z = 40/30 = 4/3 = 1+1/3$

手柄除了转一转外,还要再转 1/3 转。这时,就要用分度盘,根据分度盘上现有的各种孔眼的数目,把 1/3 的分子、分母同时扩大倍数。如可选分度盘上有 24 个孔的一圈,每次再转过($1/3×8/8 = 8/24$)8 个孔距就可以了。

四、划线基准的选择原则及步骤

划线基准是指在划线时选择工件上的某个点、线、面作为依据,用它来确定工件的部分尺寸、几何形状及工件上各要素的相对位置。

1. 划线基准的选择原则

(1) 划线时以设计基准为划线基准。

(2) 对于具有已加工表面的工件,一般选已加工表面为划线基准。

(3) 选择加工量小的表面为划线基准。

(4) 选择重要表面为划线基准。

(5) 若为毛坯件,应选择重要孔的中心线为划线基准;如果毛坯件没有重要的孔,则应选择平整的大平面为划线基准。

(6) 一般平面划线有两个方向基准,立体划线有三个方向基准。

2. 平面划线基准的类型(见表 2-2)

(1) 以两个互相垂直的平面(或直线)为基准。

(2) 以两条相互垂直的中心线为基准。

(3) 以互相垂直的一个平面(或一条直线)和一条中心线作为基准。

表 2-2 平面划线基准的类型

序号	分类	图示	说明
1	以两个相互垂直的平面(或直线)为基准		从图上相互垂直的两个方向的尺寸可以看出,每一方向上大部分尺寸都是依照它们的外平面(或底面)来确定的,此时,这两个平面分别是每一方向的划线基准

续表

序号	分类	图示	说明
2	以两条相互垂直的中心线为基准		从图中可以看出，$\phi30$ mm 圆的两条互相垂直中心线是其他尺寸标注的起点，也是其他几何要素的划线基准
3	以一个平面和与之垂直的中心线为基准		从图中可以看出，工件底面是高度方向的划线基准，中心线是工件左右的对称中心，是宽度方向的划线基准

3. 基本划线步骤

（1）看清图样，详细了解图样的技术要求，找出零件上所要划线的部位，弄懂零件的加工工艺。

（2）检查、清理毛坯零件，在工件划线表面涂色，做好划线前准备工作。

（3）选择划线基准，合理放置或夹紧工件。

（4）划线前找正，对有缺陷毛坯进行借料。

（5）先划出基准线，再划其他线。根据图纸检查所划线是否正确无误。

（6）在线条上打样冲眼。

五、基本划线方法

1. 划平行线

用钢直尺、划规配合划与 AB 线平行、距离为 r 的平行线，如图 2-16 所示。

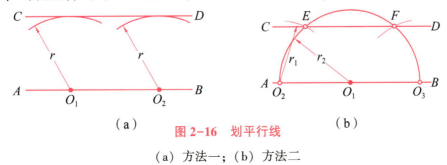

（a） （b）

图 2-16 划平行线

（a）方法一；（b）方法二

方法一：用划规在 AB 线上以任意点 O_1、O_2 为圆心、r 为半径分别作圆弧，用钢直尺作两段圆弧的切线，直线 CD 即为与 AB 距离为 r 的平行线，如图 2-16（a）所示。

方法二：用划规以线 AB 上任意点 O_1 为圆心、r_2 为半径划一半圆，交 AB 线于 O_2、O_3 点，分别以 O_2、O_3 点为圆心、以 r_1 为半径划圆弧得交点 E、F。用钢直尺连接 EF 并延长至 C、D 点，CD 与 AB 平行，如图 2-16（b）所示。

方法三：用高度游标卡尺划 AB 线，划线头升高 r 距离再划一直线即可。

2. 划垂直线

用钢直尺、划规配合划与 AB 线垂直的直线 CD，如图 2-17 所示。

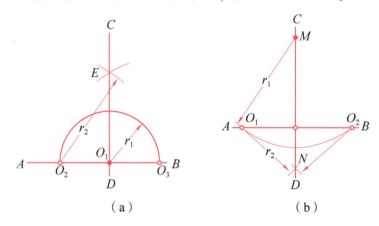

图 2-17 划垂直线
(a) 方法一；(b) 方法二

方法一：如图 2-17（a）所示，在直线 AB 上任取一点 O_1，用划规以 O_1 点为圆心、r_1 为半径划圆弧交 AB 于 O_2、O_3 点，以 O_2、O_3 点为圆心、r_2 为半径划圆弧交于 E 点，用钢直尺连接 EO_1；EO_1 延长线即 CD 线，CD 线即 AB 的垂直线。

方法二：如图 2-17（b）所示，过 M 点作直线 AB 的垂线。

用划规以 M 点为圆心、r_1 为半径划圆弧交 AB 于 O_1、O_2 点，分别以 O_1、O_2 点为圆心、r_2 为半径划圆弧交于 N 点，用钢直尺连接 MN 并延长成 CD 线，CD 线即过点 M 的 AB 的垂直线。

方法三：用高度游标卡尺划垂直线。工件垂直放置在划线平板上，用直角尺找正直线 AB 使之垂直于划线平板，用高度游标卡尺划出水平线，该线即与 AB 线垂直。

3. 找圆中心的方法

方法一：如图 2-18 所示，将划规两卡爪张开至稍大于或小于需划圆周直径，划规弯曲的卡爪靠在孔壁上，分别以接近对称的四点为圆心划四个相交弧，取四段弧的中心点为圆心。

方法二：用高度游标卡尺找圆中心。如图 2-19（a）所示，将轴类零件放在 V 形铁上并放置在划线平板上。用高度游

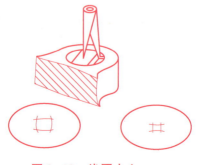

图 2-18 找圆中心

标卡尺的划线头下平面测量出高度 L，用游标卡尺或千分尺测量出轴的直径 D，用"L−D/2"划一水平线。

把放在 V 形铁上的轴旋转 90°，用直角尺在平板上找正已划的线条，如图 2−19（b）所示。

用高度游标卡尺再划"L−D/2"尺寸的水平线，两线交点即该轴端面的圆心，如图 2−19（c）所示。

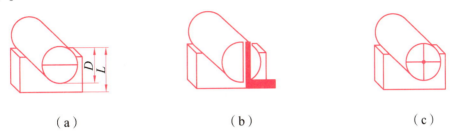

图 2−19 用高度游标卡尺找圆中心

（a）划水平线；（b）找正；（c）划第二条水平线

4. 等分圆周

（1）三等分圆周方法，如图 2−20（a）所示。

以 C 点为圆心，以圆 O 的半径作圆弧，交圆周于 E、F 点，D、E、F 即圆周三等分点。

（2）五等分圆周，如图 2−20（b）所示。

过圆心 O 作直径 OD⊥AB，取 OA 的中点 C，以 C 为圆心、DC 为半径作圆弧交 AB 于 E 点，DE 即圆五等分的长度。以 D 为圆心，DE 为半径作圆弧交圆于 F、I 点，然后分别以 F、I 为圆心、DE 为半径作圆弧交圆于 G、H 两点，这样就得到圆周的五等分点。

（3）六等分圆周，如图 2−1−20（c）所示。

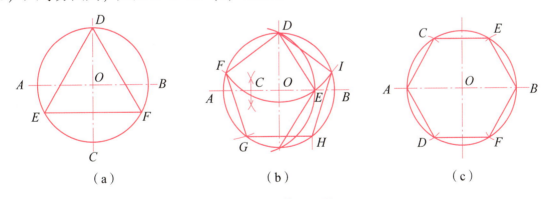

图 2−20 等分圆周

（a）三等分；（b）五等分；（c）六等分

用划规分别以 A、B 点为圆心，以圆半径为半径作圆弧，交圆周为 C、D、E、F 点，即得圆周六等分点。

5. 圆周任意等分数的划线方法

根据公式 $K(n)=\sin(\pi/n)$ 计算出等分系数 K，然后用公式 $S=DK$ 计算出圆周弦长 S。以圆周弦长 S 为半径，用划规在指定的圆周上 n 等分圆周。

【例 2-3】 求九等分直径为 50 mm 圆周的等分系数。

解：因为 $K(n) = \sin(\pi/n)$，

所以 $K(9) = \sin(\pi/9) \approx 0.34202$

弦长 $S = DK = 50 \text{ mm} \times 0.34202 = 17.101 \text{ mm}$

以 17.101 mm 弦长为单位，用划规在圆周上九等分圆。

小　　结

本课题要求了解常用划线工具的名称、作用，熟练运用已学《机械制图》的基本知识与技能，使用划线工具，采用正确的方法划出基本线条。划线是钳工操作的重要环节之一，划线的质量直接影响工件的精度及质量，所以掌握划线工具的使用和基本线条的划法尤为重要。

阶段性实训　划正六边形、五角星

一、任务分析

根据图 2-21 要求，学生使用划针、划规、钢直尺等划线工具进行平面划线，在 60 mm×10 mm×200 mm 的板料上划出正六边形和五角星，划线完成后，要求在线条上打样冲点。

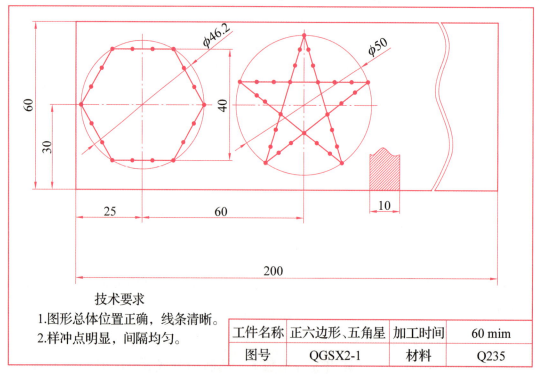

技术要求
1. 图形总体位置正确，线条清晰。
2. 样冲点明显，间隔均匀。

工件名称	正六边形、五角星	加工时间	60 min
图号	QGSX2-1	材料	Q235

图 2-21　划线操作图

(1) ϕ46.20 mm 是指正六边形的外接圆直径。

(2) 40 mm 是指正六边形对边尺寸，有 3 组对边尺寸。

(3) ϕ50 mm 是指五角星的外接圆直径。

二、加工准备

1. 工量刃具准备

钳工划线操作前必须先将本任务相关的工量刃具准备就绪。在钳工操作中一般分为场地准备和个人准备，其中场地工量刃具准备清单是根据实习教学常规而准备的，准备齐全后一般不再变化，部分工具和设备由多名学生共用，如表 2-3 所示。学生的个人工量刃具准备清单则根据所学任务的不同有所变化，如表 2-4 所示。

表 2-3 场地工量刃具准备清单

序号	名称	规格	数量
1	钻床	（1）台式钻床可选用 Z512 或其他相近型号； （2）精度必须符合实训的技术要求； （3）台式钻床数量一般为每 4~6 人配备 1 台	6
2	台虎钳	（1）台虎钳可选用 200 mm 或其他相近型号； （2）台虎钳必须每人配备 1 台，且有备用	20
3	钳工工作台	（1）安装台虎钳后，钳工工作台高度应符合要求； （2）钳工工作台大小符合规定，工量具放置位置合理	10
4	砂轮机	（1）砂轮机可选用 250 mm 或其他相近型号； （2）配氧化铝、碳化硅砂轮，砂轮粗细适中	2
5	划线平板	（1）尺寸在 300 mm×400 mm 以上； （2）划线平板数量一般为每 4~6 人配备 1 块	6
6	方箱或靠铁	200 mm×200 mm×200 mm	2
7	高度游标卡尺	测量范围为 0~300 mm，精度为 0.02 mm	2
8	工作台灯	使用安全电压，照明充分、分布合理	若干
9	切削液	乳化液、煤油等	若干
10	润滑油	L-AN46 全损耗系统用油	若干
11	划线液		若干

表 2-4 个人工量刃具准备清单

序号	名称	规格	数量
1	钢直尺	150 mm	1

续表

序号	名称	规格	数量
2	划规	150 mm	1
3	样冲	100 mm	1
4	划针	200 mm	1
5	手锤	1.0 kg	1

2. 材料毛坯准备

材料毛坯准备清单如表 2-5 所示。

表 2-5 材料毛坯准备清单

材料名称	规格	数量
Q235	60 mm×10 mm×200 mm	1 块/人

三、任务实施

（1）正六边形划线步骤如表 2-6 所示。

表 2-6 正六边形划线步骤

序号	加工过程	目标要求	作业图
1	（1）准备好所用的划线工具和材料； （2）对划线材料表面进行清理； （3）用划线液对划线表面进行涂色并晾干	涂色明显、薄而均匀	
2	（1）根据图纸要求，初步布局划线界限； （2）划出两条互相垂直的中心线； （3）在中心线交点上打好样冲点，确定圆心 O 点	（1）布局合理； （2）中心线互相垂直； （3）线条清晰，圆心冲点准确	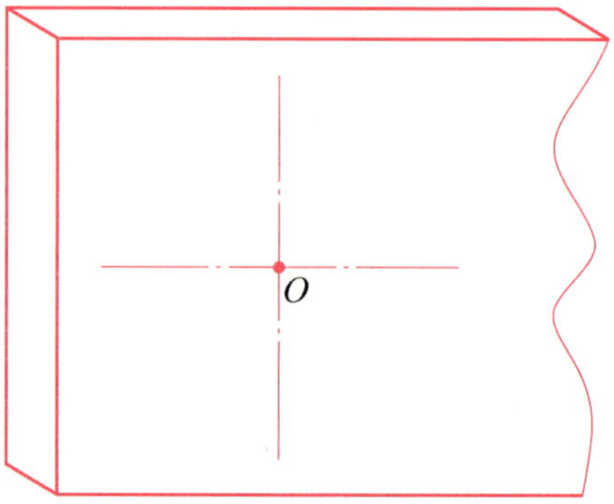

续表

序号	加工过程	目标要求	作业图
3	（1）利用钢直尺刻度，用划规量取正六边形的外接圆半径 R23.1 mm； （2）用划规划出正六边形的外接圆	（1）直径 ϕ46.2 mm 正确； （2）圆弧线条清晰	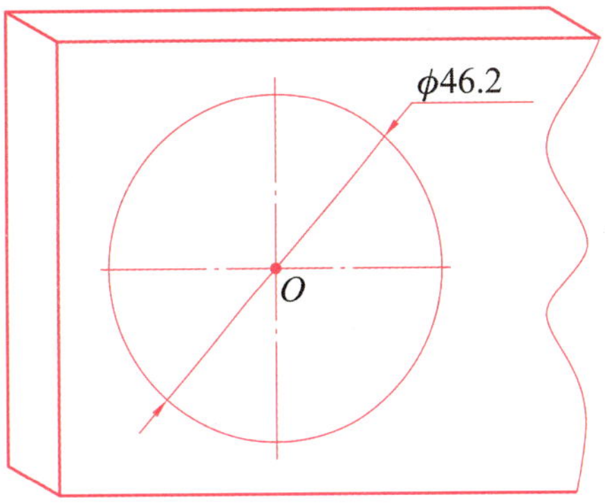
4	在外接圆和水平中心线的两个交点上，打好样冲点，确定圆心 A、B 两点	交点明显，冲点准确	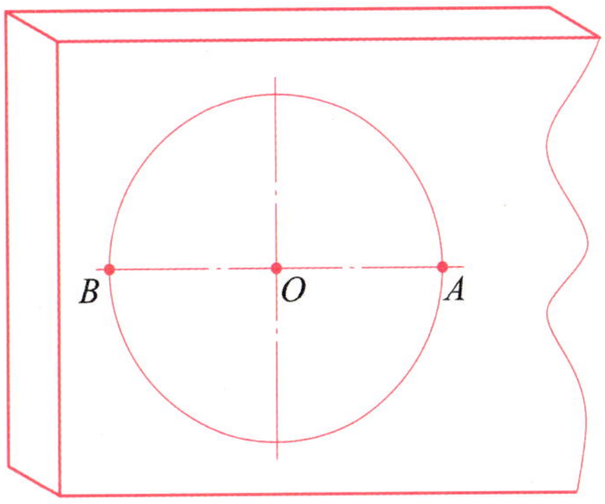
5	（1）以 A、B 两点为圆心，分别用划规划出圆弧（半径 R23.1 mm），交于外接圆 C、D、E、F 四点； （2）在四个交点处上打好样冲点	（1）六条圆弧等长； （2）交点明显，冲点准确	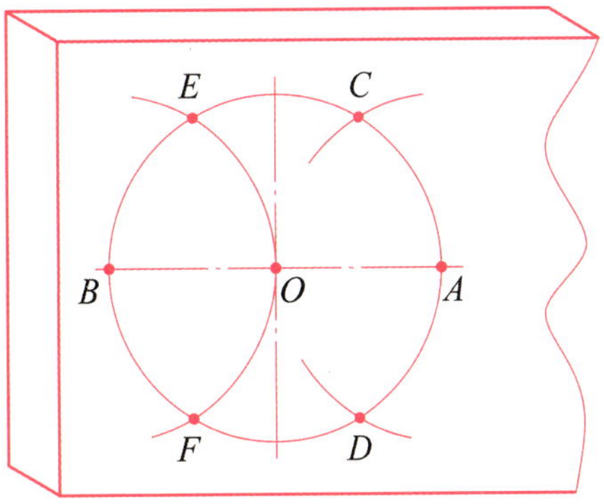
6	根据正六边形外接圆上的六个样冲点，用划针靠住钢直尺进行连线	线条清晰、准确	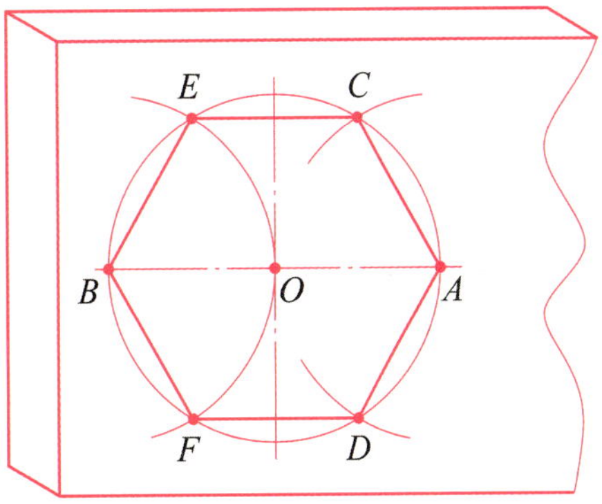

序号	加工过程	目标要求	作业图
7	（1）复检正六边形的边长，加粗线条； （2）在每条连线上打好4个样冲点	样冲点大小适中、间隔均匀	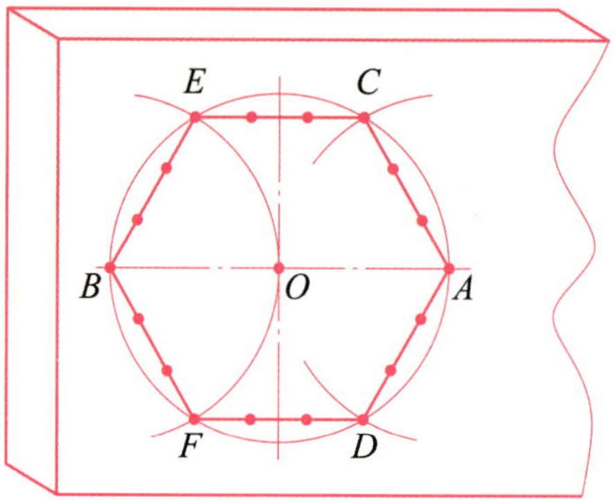

（2）五角星划线步骤如表2-7所示。

表2-7　五角星划线步骤

序号	加工过程	目标要求	作业图
1	（1）准备好所用的划线工具和材料； （2）对划线材料表面进行清理； （3）用划线液对划线表面进行涂色并晾干	涂色明显、薄而均匀	
2	（1）根据图纸要求初步布局划线界限； （2）划出两条垂直的中心线； （3）在中心线交点上打好样冲点，确定圆心O点	（1）布局合理； （2）中心线互相垂直； （3）线条清晰，圆心冲点准确	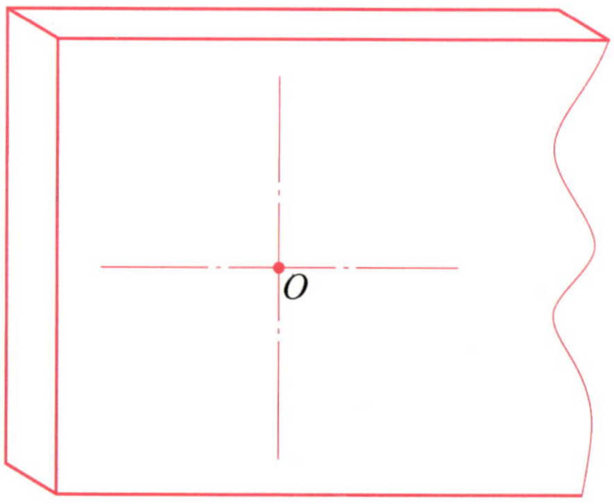

续表

序号	加工过程	目标要求	作业图
3	（1）以 O 点为圆心，用划规划出五角星的外接圆（半径 R25 mm）； （2）在外接圆与十字中心线的交点 A、B 两点上，打好样冲点	（1）划规量取尺寸正确； （2）圆弧线条清晰	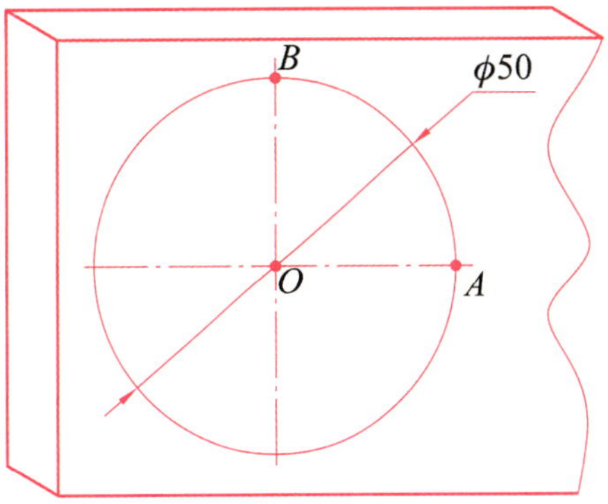
4	（1）以 A 点为圆心，用划规划圆弧（半径 R25 mm），分别交于外接圆 C、D 两点； （2）用划针靠住钢直尺对 C、D 两点进行连线，交于水平中心线 E 点，打好样冲点	（1）连线清晰； （2）冲点准确	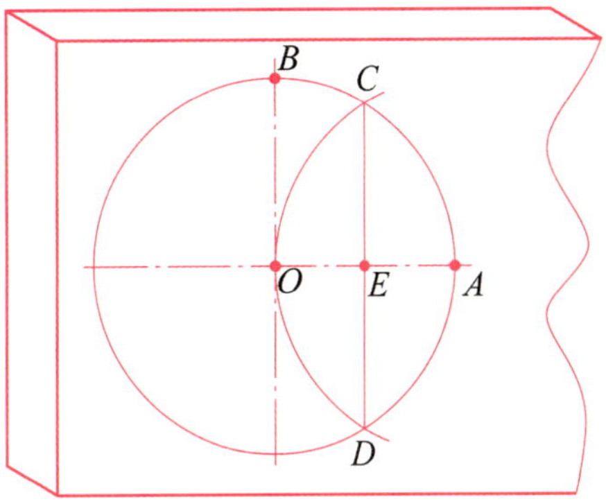
5	（1）以 E 点为圆心，将划规针头距离调至 EB 长度，划圆弧交于水平中心线 F 点； （2）打好样冲点	（1）划规量取尺寸正确； （2）冲点准确	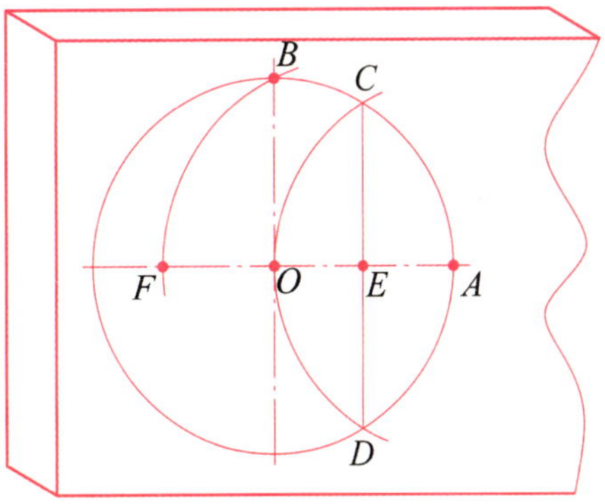
6	（1）以 B 点为圆心，将划规针头距离调至 BF 长度，划圆弧分别交于外接圆 G、H 两点； （2）打好样冲点	（1）交点明显； （2）冲点准确	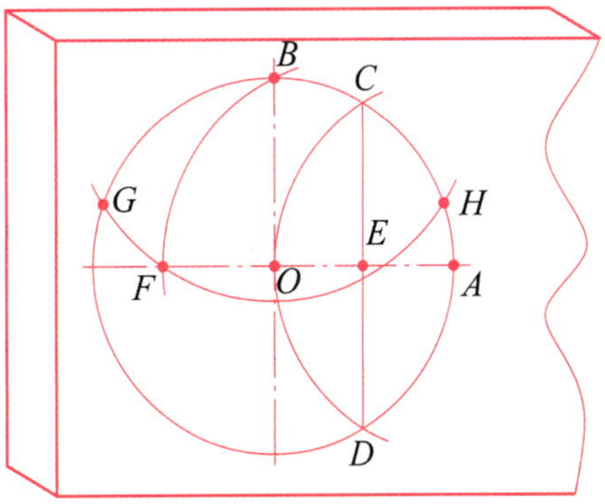

续表

序号	加工过程	目标要求	作业图
7	（1）分别以 H、G 点为圆心，将划规针头距离调至 HB 或 GB 长度，划圆弧分别交于外接圆 M、N 两点； （2）打好样冲点	（1）五条边长等长； （2）冲点准确	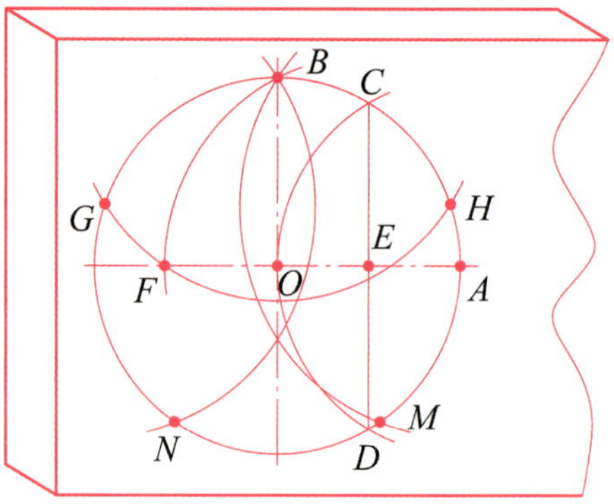
8	根据五边形外接圆上的五个样冲点，用划针靠住钢直尺进行隔点连线 BM、HN、MG、NB、GH，即五角星成型	线条清晰明显	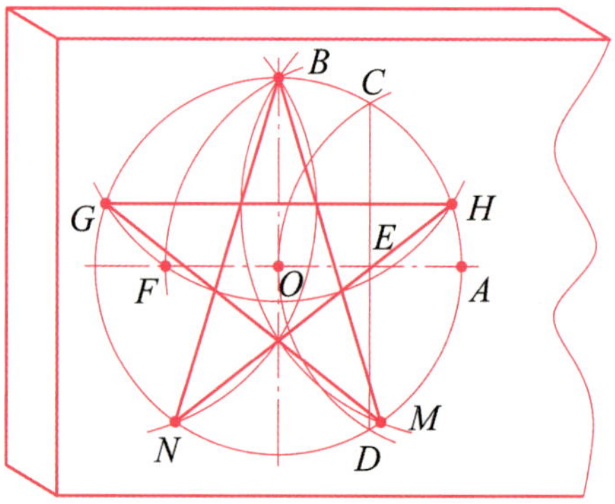
9	（1）复检五角星的边长，加粗线条； （2）在五角星的每条边长连线上打好 4 个样冲点（共十条）	冲点大小适中，间隔均匀	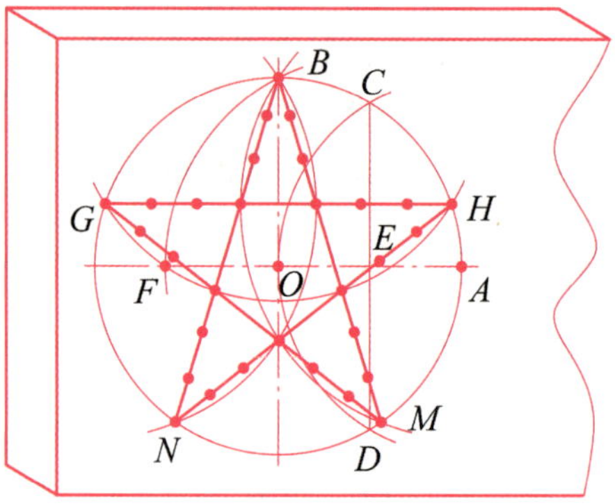

四、任务评价

（1）划线操作评分如表 2-8 所示。

表 2-8　划线操作评分

序号	项目及标准	配分	检验结果	得分	备注
1	涂色明显、薄而均匀	5			
2	图形位置正确	10			
3	线条清晰无重线	15			
4	尺寸及线条位置公差 0.3 mm	20			
5	样冲点位置公差 0.3 mm	20			
6	样冲眼分布合理	5			
7	使用工具正确，操作姿势正确	15			
8	安全文明生产	10			
合计		100			

（2）小组学习活动评价如表 2-9 所示。

表 2-9　小组学习活动评价

评价项目	评价内容及评价分值标准			自评	互评	教师评价	平均分
	优秀 16~20 分	良好 13~15 分	继续努力 12 分以下				
分工合作	小组成员分工明确、任务分配合理	小组成员分工较明确，任务分配较合理	小组成员分工不明确，任务分配不合理				
知识掌握	概念准确，理解透彻，有自己的见解	不间断地讨论，各抒己见，思路基本清晰	讨论能够进行，但有间断，思路不清晰，对知识的理解有待进一步加强				
技能操作	能按技能目标要求规范完成每项操作任务	在教师或师傅进一步示范、指导下能完成操作任务	在教师或师傅的示范、指导下较吃力地完成每项操作任务				
总分							

五、任务小结

针对学生划线的情况进行讲评，对具有共性的问题进行分析讨论，展示优秀划线作品。要求学生正确使用划线工具，按照图纸划出符合要求的图形。遵守钳工操作规程，安全文明生产。

拓展提升

一、技能强化

1. 四方体划线

如图 2-22 所示，在 ϕ35 mm×40 mm 圆柱体的外形上划出边长为 25 mm 的四方体加工线条，要求进行立体划线，使用高度游标卡尺、直角尺、划线平板、方箱（或磁性表座）等划线工具。外径 ϕ35 mm 是四边形划线的基准圆。

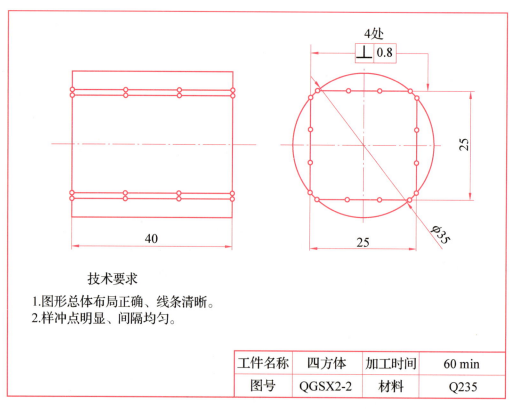

图 2-22　四方体划线

2. 双燕尾零件划线

如图 2-23 所示，用高度游标卡尺划线，划完后检查所划图样是否标准。

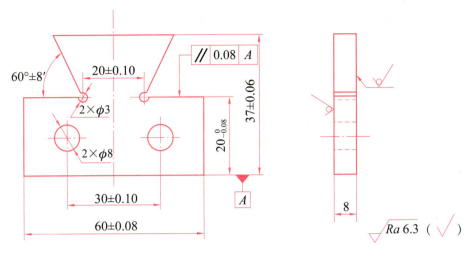

图 2-23 双燕尾零件图

3. 综合训练

如图 2-24 所示，选用合适的划线工具划线。

要求一：用钢直尺、划针、划规划线。

要求二：用高度游标卡尺、划针、划规划线。

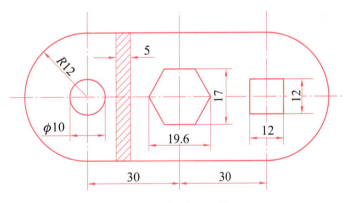

图 2-24 综合训练图样

4. 内外圆弧划线

如图 2-25 所示，要求用高度游标卡尺、直角尺、钢直尺、划规、样冲划线。

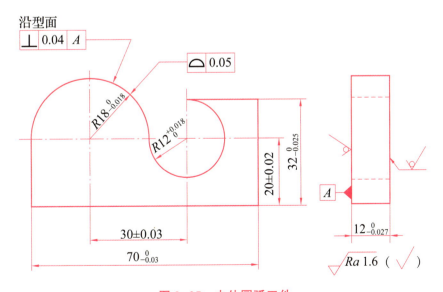

图 2-25 内外圆弧工件

5. U形板划线

如图2-26所示，选用合适的划线工具划线，最后检查所划图样。

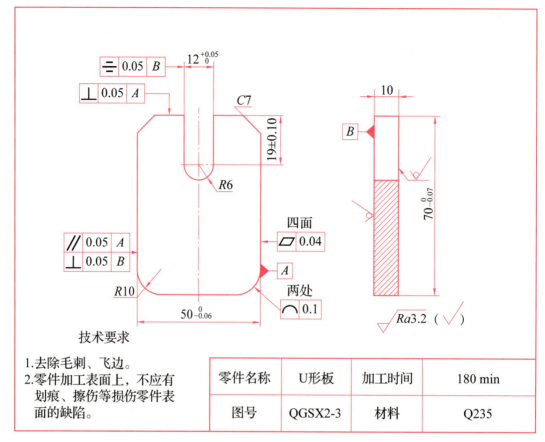

图2-26 U形板零件图

二、典型例题

1. 用划针划线时，针尖要紧靠钢直尺边缘，上部向外倾斜（　　），同时向划针前进方向倾斜45°~75°。

   A. 0°~20°　　　　B. 15°~20°　　　　C. 20°~30°　　　　D. 45°~75°

2. 下列划线工具中，用于立体划线及找正工件位置的是（　　）。

   A. 划针　　　　B. 样冲　　　　C. 划线盘　　　　D. 万能角度尺

3. 只需在工件一个表面上划线就能明确表示工件（　　）的称为平面划线。

   A. 加工边界　　　　B. 几何形状　　　　C. 加工界线　　　　D. 尺寸

4. 划线时，都应从（　　）开始。

   A. 中心线　　　　B. 基准面　　　　C. 划线基准　　　　D. 设计基准

5. 下列工具不能直接划线的有（　　）。

   A. 钢直尺　　　　B. 高度游标卡尺　　　　C. 划规　　　　D. 划线盘

6. 划线时用力大小要均匀适宜，为保持清晰，一般一根线条（　　）。

A. 一次划成

B. 要多次自左向右轻轻划过，直至清晰为止

C. 分两次划成

D. 依材料而定划线次数

7. 高度尺配合（　　）一起使用，以决定划针在平台上的高度尺寸。

 A. 划线盘　　　　B. 划规　　　　C. 划针　　　　D. 方箱

8. 长划规专用于划（　　），它的两个划规脚位置可调节。

 A. 大尺寸的圆和圆弧　　　　B. 长直线

 C. 等分长线段　　　　D. 量取长尺寸

9. 划线时 V 形铁是用来支承工件的（　　），便于找正或划线。

 A. 圆柱面　　　　B. 椭圆面　　　　C. 复杂形状　　　　D. 方形面

10. （　　）是用来支承毛坯或不规则工件进行立体划线的。

 A. V 形铁　　　　B. 千斤顶　　　　C. 方箱　　　　D. 直角铁

11. 找正就是利用划线工具，使工件上有关的表面处于（　　）的位置。

 A. 水平　　　　B. 垂直　　　　C. 借料　　　　D. 合适

12. 机用虎钳主要用于装夹（　　）。

 A. 套类零件　　　　B. 轴类零件　　　　C. 矩形工件　　　　D. 盘形工件

三、高考回放

1. （2012 年高考）在圆柱端面上划线找圆心，下列方法不合适的是（　　）。

 A. 划规　　　　B. 千斤顶与划线盘配合

 C. V 形铁与划线盘配合　　　　D. V 形铁与高度游标卡尺配合

2. （2015 年高考）安装在方箱上的工件，通过方箱翻转，可划出几个方向的尺寸线？（　　）

 A. 一个　　　　B. 两个　　　　C. 三个　　　　D. 四个

3. （2016 年高考）使用划规时，只能在半成品表面上划线的是（　　）。

 A. 弹簧划规　　　　B. 普通划规　　　　C. 长划规　　　　D. 扇形划规

4. （2017 年高考）具有划线和量取尺寸功能的划线工具是（　　）。

 A. 划规　　　　B. 样冲　　　　C. 划线盘　　　　D. 弹簧划针

5. （2018 年高考）下列划线工具中一般仅限于半成品划线的是（　　）。

 A. 划针　　　　B. 划线盘　　　　C. 高度游标卡尺　　　　D. 划规

6. （2019 年高考）下列划线工具中，不能与划针配合使用的是（　　）。

 A. 钢直尺　　　　B. 直角尺　　　　C. 划线角度规　　　　D. 高度游标卡尺

7. （2021 年高考）既能划线又能读取数据的划线工具是（　　）。

A. 方箱　　　　　B. 划规　　　　　C. 划线盘　　　　　D. 高度游标卡尺

8.（2022年高考）既能划线又能直接测量尺寸的划线工具是（　　）。

A. 划规　　　　　B. 划针　　　　　C. 划线盘　　　　　D. 高度游标卡尺

9.（2019年高考）制作一批如图2-27所示的六角螺母，毛坯采用车削加工后直径为（φ32±0.02）mm，厚度为（12±0.1）mm的圆钢。使用万能分度头进行划线时，分度头的分度手柄在分度盘中有66个孔的孔圈上，每次划线转6圈后再转多少个孔？

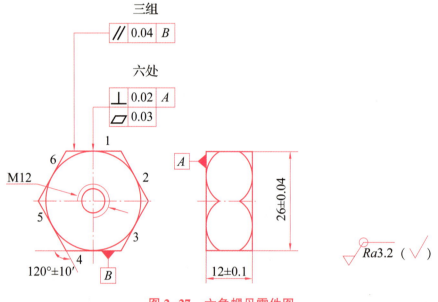

图2-27　六角螺母零件图

10.（2015年高考）图2-28所示为铣床常用的万能分度头传动简图，$z_1=z_2$，$z_3=z_4$，$z_5=1$，$z_6=40$。工作时，分度盘固定不动，通过转动分度手柄从而带动工件转动进行分度。读懂传动简图，完成问题：

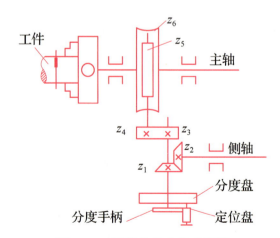

图2-28　万能分度头传动简图

现有孔数为57、58、59、62、66的分度盘，若铣削齿数$z=22$的齿轮，工件每转过一个齿，分度手柄应在分度盘有66个孔的孔圈上转过几圈再转过多少个孔？

模块三

锯　削

模块概述

　　锯削是粗加工的方法，平面度一般可控制在 0.2 mm 之内。锯削具有操作方便、简单、灵活的特点，应用较广。

模块目标

知识目标

1. 了解锯弓的结构，掌握锯条的选择及安装方法。
2. 掌握锯削时工件的划线与装夹。
3. 掌握锯削站立姿势，手锯的握法，起锯、锯削运动方式，锯削速度的选择等基本操作。
4. 掌握各种工件的锯削方法。
5. 了解锯削时常见的锯条损坏形式、产生原因及预防措施。

技能目标

1. 能根据工件材料的不同正确选用锯条，并能正确安装锯条。
2. 掌握锯削板料、棒料、管子的方法和操作要领。
3. 能对各种工件进行锯削，操作姿势正确，并能达到一定的锯削精度。

素养目标

1. 具有良好的工作习惯与职业道德，能够在艰苦的工作环境中保持工作热情和专注。
2. 能够关注行业的新技术、新工艺，不断学习和提升自己的专业知识和技能，适应行业发展的需求。

课题一　锯削工具

用锯对材料或工件进行切断或切槽等的加工方法称为锯削。锯削是一种粗加工，平面度一般可控制在 0.2 mm 之内。锯削的用途是切断各种工件、锯掉工件上多余的部分，或在工件上锯槽等。锯销具有操作方便、简单、灵活等特点，应用较广。

一、锯弓

手锯是钳工手工锯削所使用的工具，由锯弓和锯条两部分组成。锯弓是用来张紧锯条的，有固定式和可调节式两种，如图 3-1 所示。

图 3-1　手据

（a）固定式锯弓；（b）可调节式锯弓

固定式锯弓只能安装一种长度的锯条，可调节式锯弓通过调整可以安装几种长度的锯条。锯弓两端都装有夹头，一端是固定的，另一端是活动的。锯条孔被夹头上的销子插入后，旋紧活动夹头上的翼形螺母就可以把锯条拉紧。

二、锯条

锯条一般用渗碳软钢冷轧而成，也有用碳素工具钢或合金钢制成的，经热处理淬硬。锯条单面有齿，相当于一排同样形状的錾子，每个齿都有切削作用，锯齿的切削角度为 $\gamma=0°$、后角 α 为 $40°\sim45°$、楔角 β 为 $45°\sim50°$，如图 3-2 所示。锯条的规格以两端安装孔的中心距来表示。钳工常用的锯条长度为 300 mm，宽度为 $10\sim25$ mm，厚度为 $0.6\sim1.25$ mm。

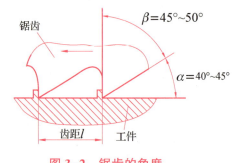

图 3-2　锯齿的角度

1. 锯齿的分类及选用标准

锯齿的粗细规格以两相邻锯齿的齿距或以 25 mm 长度内的齿数来表示，有 14 齿、18 齿、24 齿和 32 齿等几种，如表 3-1 所示。

表 3-1　锯条的粗细规格

类型	每 25 mm 长度内齿数	应用
粗	14~18	锯削软钢、黄铜、铝、铸铁、紫铜、人造胶质材料
中	22~24	锯削中等硬度钢，厚壁的钢管、铜管
细	32	薄片金属、薄壁管子等
细变中	32~20	一般工厂中用，易于起锯

锯齿粗细的选用一般应根据加工材料的软硬程度、切面大小等来进行。

（1）锯削软材料或切面较大的工件时，应选用粗齿锯条；锯削硬材料或切面较小的工件时，应选择细齿锯条；一般中等硬度材料选用中齿锯条。

（2）锯削管子和薄板时，必须用细齿锯条。

2. 锯路

为了减少锯缝两侧面对锯条的摩擦阻力，避免锯条被夹住或折断，锯条在制造时，锯齿按一定的规律左右错开，排列成一定的形状，从而形成锯路。常见的锯路有波浪型和交叉型两种，如图 3-3 所示。

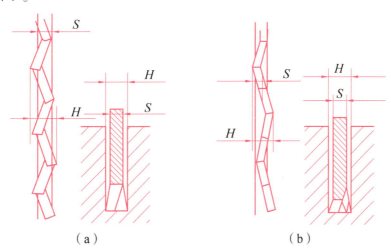

图 3-3　锯路的形式

（a）交叉型；（b）波浪型

3. 锯条选用的原则

（1）粗齿：因容屑槽适用于锯削软材料或较大的切削面（切屑不会被堵塞而影响切削效率）。

（2）细齿：因硬的材料每次锯入量较少（不会产生堵塞），细齿就等于增加切削刀刃的数量，锯削时省力不易折断（特别适用于锯薄板和管料）。

（3）中齿：介于两者之间。

注意：在锯割管子或薄板材料时必须用细齿锯条。

4. 锯条损坏的原因及预防措施

锯条损坏的原因及预防措施如表 3-2 所示。

表 3-2 锯条损坏的原因及预防措施

废品形式	原因	预防措施
锯条折断	锯条装得过紧、过松	注意装得松紧适当
	工件装夹不准确，产生抖动或松动	工件夹牢，锯缝应靠近钳口
	锯缝歪斜，强行纠正	锯弓向斜缝相反方向偏移慢慢锯削
	压力太大，起锯较猛	压力适当，起锯较慢
	旧锯缝使用新锯条	调换厚度合适的新锯条，调转工件再锯
	工件被锯断时没有减速，手锯突然失去平衡	减慢速度和减小切削力
锯齿崩裂	锯条粗细选择不当	正确选用锯条
	起锯角度和方向不对	选用正确的起锯角度及方向
	突然碰到砂眼、杂质	碰到砂眼时应减小压力
	锯削时突然加大压力，被工件棱边钩住	切削压力适当
锯齿很快磨钝	锯削速度太快	锯削速度适当减慢
	锯削时未加冷却液	可选用冷却液
锯缝不直、尺寸超差	锯缝线没有按竖直线放置	锯缝要与钳口垂直
	锯条安装太松或相对锯弓平面扭曲	调整锯条，松紧适当
	用力不正确和速度太快，使锯条左右偏摆	切削速度为 20~40 次/min，右手减少推力，左手扶正锯弓
	使用磨损不均的锯条	选择适当的锯条
	起锯时尺寸控制不准确或起锯时锯路发生歪斜	扶正锯弓，看清尺寸线
	眼睛视线没有观察锯条是否与竖直线重合	经常注意观察工件前面和后面的尺寸线

小 结

本课题要求了解手锯的组成、锯条的基本知识，通过基本的锯削练习，掌握锯削方法、锯削站立姿势、起锯的方法、锯削的用力、动作姿势和注意事项等，以及获得锯削技能并能达到一定的锯削精度。通过测量并根据测量结果分析锯削中存在的问题，对照锯削问题分析表改进锯削动作、姿势，以逐步提高锯削的质量和效率。另外，在锯削时还应注意锯削时不要突然用力过猛，防止锯条折断并从锯弓上崩出伤人，工件夹持要牢固，以免工件松动、锯缝歪斜、锯条折断；要经常注意锯缝的竖直情况，如发现歪斜应及时纠正。

课题二　锯削不同的材料

手工锯削是利用手锯锯断金属材料（或工件）或在工件上进行切槽的加工方法。虽然当前诸如锯床、加工中心等数控设备已广泛使用，但是由于手工锯削具有方便、简单、灵活等特点，使其在单件或小批量生产中，常用于分割各种材料及半成品、锯掉工件上多余部分、在工件上锯槽等。由此可见，手工锯削是钳工需要掌握的基本操作之一。

一、棒料的锯削

若棒料锯削断面平整度要求较高，则必须沿某一方向起锯，直至锯削结束为止，如图 3-4（a）所示。若锯削断面平整度要求不高，可在锯条锯入工件一定深度后，将棒料转过一定角度重新起锯。转动棒料后，由于锯削面变小而容易锯入，减少了锯削阻力，可提高工作效率，如图 3-4（b）所示。

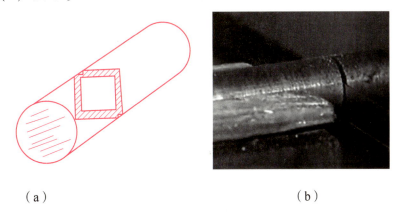

（a）　　　　　　　　　　　（b）

图 3-4　棒料的锯削

（a）锯削断面平整度高；（b）锯削断面平整度不高

二、圆管的锯削

锯削圆管前，可先划出垂直于轴线的锯削线。由于锯削时对划线的精度要求不高，最简单的方法是使用矩形纸条按照锯削位置绕在工件的外圆上，然后用滑石划出锯削线，如图3-5所示。

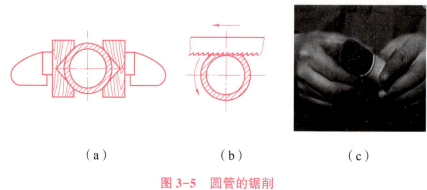

（a）　　　　　　　　（b）　　　　　　　　（c）

图 3-5　圆管的锯削

（a）夹持；（b）锯削；（c）实操图

三、薄板料的锯削

锯削薄板料时，可以用两块木板夹持以增加刚性，然后一起锯断，如图3-6（a）所示；或者采用横向斜推的方法，从薄板的宽面进行锯削，如图3-6（b）所示。

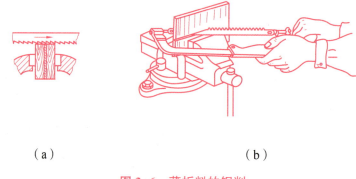

（a）　　　　　　　　　　　（b）

图 3-6　薄板料的锯削

（a）用两块木板夹持；（b）用台虎钳夹持

四、深缝的锯削

当锯缝的深度超过锯弓的高度时，应将锯条转过90°重新装夹，使锯弓转到工件的旁边，当锯弓横下来后高度仍不够时，可将锯条装夹成使锯齿朝向锯内进行锯削，如图3-7所示。

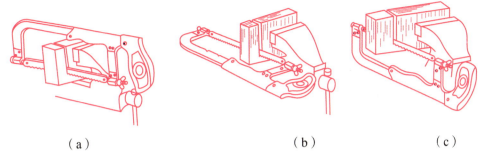

(a)   (b)   (c)

图 3-7 深缝锯削

(a) 锯缝深度超过锯弓高度；(b) 锯条转 90°；(c) 锯齿朝向锯内

安全注意事项：

（1）锯条安装正确，齿尖的方向朝前，工件夹持牢固。

（2）姿势正确，锯条平面应与锯弓架中心平面平行，运锯速度均匀，不宜太快。

（3）在调节锯条松紧时，不宜旋得太紧或太松；张紧锯条应合适，防止锯条折断后飞出伤人。锯削时加少许机油，以延长锯条使用寿命。

（4）工件快要锯断时，应用手扶住将要断落部分，防止掉下砸伤脚。

五、锯削

1. 安装锯条

锯条的安装应注意两个问题：一是锯齿向前，因为手锯向前推时进行切削，向后返回是空行程，如图 3-8 所示；二是锯条松紧要适当，太紧会使锯条失去应有的弹性反而容易崩断，太松会使锯条扭曲、锯缝歪斜，锯条也容易崩断。

锯条安装好后应检查是否与锯弓在同一个中心平面，不能有歪斜和扭曲，否则锯削时锯条易折断且锯缝歪斜，同时用右手拇指和食指抓住锯条轻轻扳动，锯条没有明显的晃动时，松紧即为适当。

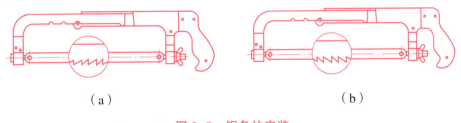

(a)   (b)

图 3-8 锯条的安装

(a) 正确；(b) 错误

2. 握锯

右手握锯柄，左手轻扶锯弓前端，双手将手锯扶正，放在工件上准备锯削。锯削时推力和压力主要由右手控制。左手所加压力不要太大，主要起扶正锯弓的作用，如图 3-9 所示。

3. 起锯

起锯时，一般用左手拇指靠稳锯条，以防止锯条滑动，使锯条对准工件锯缝。起锯的操作要点是"小""短""慢"。"小"指起锯时压力要小，"短"指往返行程要短，"慢"指速度要慢，这样可以使起锯平稳。起锯分为近起锯和远起锯。一般采用远起锯，起锯后，右手握锯弓的推力和左手扶正锯弓的压力不宜太大，保持手锯平衡慢慢回正，回程时不应施加压力，以免锯齿磨损，如图3-10所示。

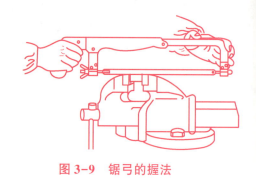

图3-9 锯弓的握法

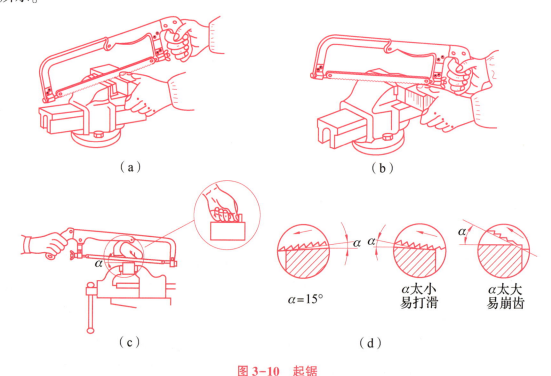

图3-10 起锯

(a) 远起锯；(b) 近起锯；(c) 定位锯条；(d) 起锯角度

4. 锯削动作要领

要保证锯削质量和效率必须有正确的握锯姿势、站立姿势且锯削动作要协调，同时手握锯弓要舒展自然。右手握住手柄向前施加压力，左手轻扶在弓架前端。锯削推力和压力均由右手控制，左手几乎不加压力，要配合右手起扶正锯弓的作用，此时，身体上部稍向前倾，给手锯以适当的压力。因完成锯削回程中不进行切削，故不施加压力，应将锯稍微提起，使锯条轻轻滑过加工面，以免锯齿磨损。

1）姿势

锯削时的站立姿势与锉削相似，人体重量均分在两腿上随着锯削的进行，身体重心在左右两腿间自然轮换，保持身体、动作的协调自然。锯削时左脚向前迈半步，与台虎钳中线约成30°，右脚站稳伸直与台虎钳中线成75°，身体略微前倾，视线要落在工件的切削部位。推锯时身体上部稍向前倾，给手锯以适当的压力而完成锯削，回程时不加压力，如图3-11所示。

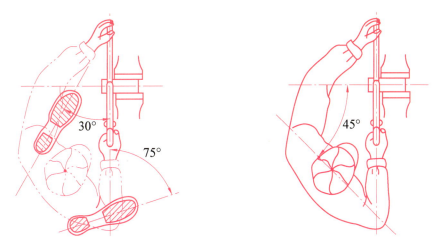

图3-11 锯削的姿势

2）锯弓直线往复运动

锯削时，右腿站直，左腿略微弯曲，身体前倾10°左右，将重心落于左腿。双手正确握住手锯，左臂略微弯曲，右臂尽量向后收，且保持与锯削方向平行，如图3-12所示。锯弓上下小幅度摆动操作时两手动作要自然，如此不易疲劳，且切削效率高。

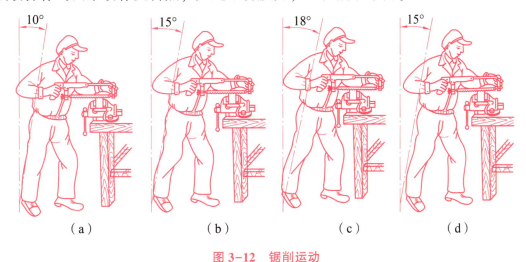

图3-12 锯削运动

（a）身体前倾10°；（b）身体前倾15°；（c）身体前倾18°；（d）身体恢复到初始位置

小提示：

锯削时，应用锯条全长或不小于锯条长度的2/3长度工作，使大部分锯齿都参与锯削工作，以免锯条的中间部分被迅速磨钝，提高锯条的利用率。

3）锯削压力

锯削时的推力和压力主要由右手控制，左手主要起扶正锯弓的作用，所加压力不要过大。当工件将要锯断时，施压要轻，行程要短，并用手扶工件即将下落部分。

4）锯削速度

锯削速度以 20~40 次/min 为宜，过快锯条发热容易回火硬度下降。锯削软材料时，锯削速度可快些；锯削硬材料时，锯削速度要慢一些。必要时可加水或乳化液冷却，以减轻锯条的磨损。

六、锯削质量分析

锯削时产生废品的形式主要有尺寸锯得过小、锯缝歪斜、起锯时把工件表面拉毛等。锯削时产生废品的主要原因及预防措施如表 3-3 所示。

表 3-3 锯削时产生废品的主要原因及预防措施

废品形式	主要原因	预防措施
锯缝歪斜	（1）锯条装得过松； （2）目测不及时	（1）适当张紧锯条； （2）安装工件时使锯缝的划线与钳口外侧平行，锯削过程中经常目测； （3）扶正锯弓，按线锯削
尺寸锯得过小	（1）划线不正确； （2）锯削线偏离划线	（1）按图样正确划线； （2）起锯和锯削过程中始终使锯缝与划线重合
起锯时把工件表面拉毛	起锯方法不对	（1）起锯时左手大拇指要挡好锯条，起锯角度要适当； （2）待有一定的起锯深度后再正常锯削以避免锯条弹出

小　结

通过本课题学习，应能正确选用锯条，并掌握正确的锯削动作、姿势，能根据不同的材料选用正确的锯削方法，既使锯削面平直又保证锯削的效率。

阶段性实训　锯削凸形件

一、任务分析

对图 3-13 分析可知，凸形件是单体件制作，要求锉削中尺寸精度和相关形位公差必须达到要求。本次任务的难点是凸台部分的对称度保证、尺寸精度控制及锯削加工等。

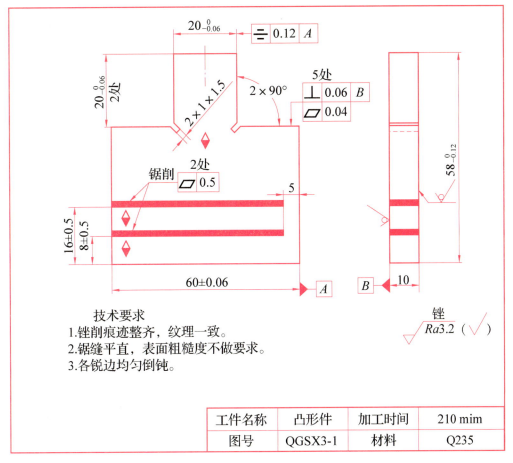

图 3-13 锯割凸形件

要保证凸台的对称度，首先要加工并确定两个基准角，加工前必须进行精确的划线；先将右上角按所划线条锯去余料，再进行粗、精锉削加工，通过控制间接尺寸来保证对称精度（需计算尺寸链），然后再锯去左上角余料，粗、精锉加工达到尺寸精度和角度要求。计算尺寸链后，根据实测尺寸进行锉削加工，只要工艺有序、及时检测，就能保证对称度符合要求。

二、加工准备

1. 工量刃具准备

钳工锯削操作前必须先将本任务相关的工量刃具准备就绪。在钳工操作中一般分为场地准备和个人准备，其中场地工量刃具准备清单是根据实习教学常规而准备的，准备齐全后一般不再变化，部分工具和设备由多名学生共用，如表 3-4 所示。学生的个人工量刃具准备清单则根据所学任务的不同有所变化，如表 3-5 所示。

表 3-4　场地工量刃具准备清单

序号	名称	规格	数量
1	钻床	（1）台式钻床可选用 Z512 或其他相近型号； （2）精度必须符合实训的技术要求； （3）台式钻床数量一般为每 4~6 人配备 1 台	6
2	台虎钳	（1）台虎钳可选用 200 mm 或其他相近型号； （2）台虎钳必须每人配备 1 台，且有备用	20
3	钳工工作台	（1）安装台虎钳后，钳工工作台高度应符合要求； （2）钳工工作台大小符合规定，工量具放置位置合理	10
4	砂轮机	（1）砂轮机可选用 250 mm 或其他相近型号； （2）配氧化铝、碳化硅砂轮，砂轮粗细适中	2
5	划线平板	（1）尺寸在 300 mm×400 mm 以上； （2）划线平板数量一般为每 4~6 人配备 1 块	6
6	方箱或靠铁	200 mm×200 mm×200 mm	2
7	高度游标卡尺	测量范围为 0~300 mm，精度为 0.02 mm	2
8	工作台灯	使用安全电压，照明充分、分布合理	若干
9	切削液	乳化液、煤油等	若干
10	润滑油	L-AN46 全损耗系统用油	若干
11	划线液		若干

表 3-5　个人工量刃具准备清单

序号	名称	规格	数量	序号	名称	规格	数量
1	钢直尺	300 mm	1	5	锯弓		
2	样冲	100 mm	1	6	锯条	300 mm（粗齿）	若干
3	划针	200 mm	1	7	锯条	300 mm（中齿）	若干
4	手锤	1.0 kg	1	8	锯条	300 mm（细齿）	若干

注：为便于曲线造型学生可自备曲线板。

2. 材料毛坯准备

材料毛坯准备清单如表 3-6 所示。

表 3-6　材料毛坯准备清单

材料名称	规格	数量
Q235	65 mm×60 mm×10 mm	1 块/人

三、任务实施

划线时为保证锯缝间隔均匀且相互平行，应先选择坯料上较直的边为基准并划好锯缝终止线，再用直角尺的基准边靠紧这一坯料的基准，利用平移法划平行线，如表3-7所示。

表3-7 凸形件加工过程

序号	加工过程	目标要求	作业图
1	（1）适当修整并选定基准面； （2）在基准面右下角上做好标记或者打上钢印（学号）	（1）两个基准面互相垂直，达到平面度及与大平面的垂直度要求； （2）基准标记清晰	
2	（1）在需要划线的表面上均匀地涂上划线液； （2）按图纸要求进行划线	（1）线条清晰； （2）线条误差0.3 mm以内； （3）保证所有加工面均有锉削余量	
3	（1）按所划线条将右上角锯去； （2）锯削工艺槽	（1）线条保留且清晰； （2）两加工面留有0.3～0.5 mm的锉削余量； （3）工艺槽符合图纸要求	

续表

序号	加工过程	目标要求	作业图
4	（1）粗锉至加工线条； （2）根据所计算的尺寸链，精锉两个平面； （3）粗、精锉上平面	（1）锉纹整齐一致； （2）平面度达到 0.04 mm； （3）与邻面垂直度 0.06 mm； （4）达到尺寸 38 mm、40 mm、58 mm 的要求	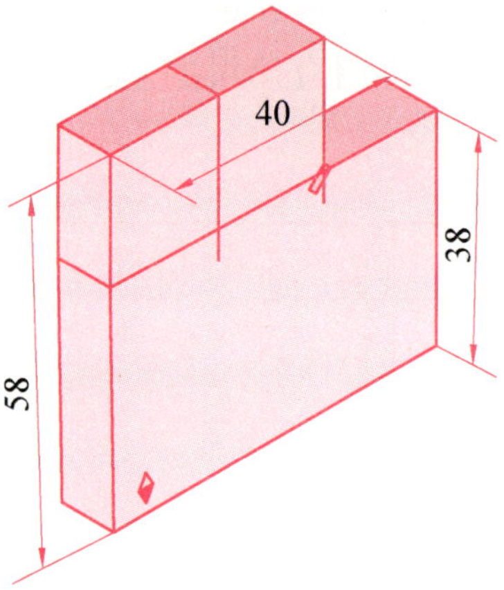
5	（1）按所划线条将左上角锯去； （2）锯削工艺槽	（1）线条保留且清晰； （2）两加工面留有 0.3～0.5 mm 的锉削余量； （3）工艺槽符合图纸要求	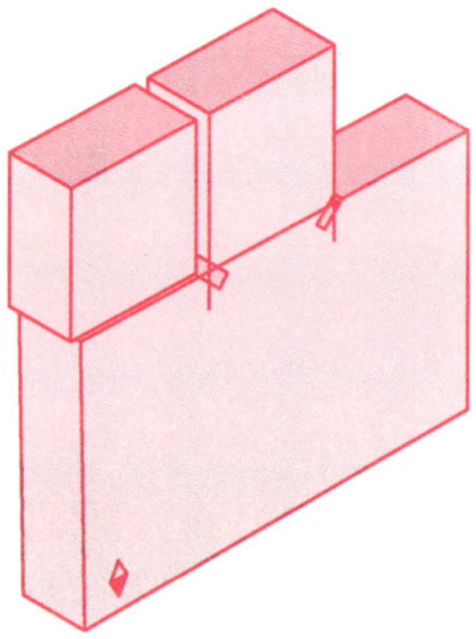
6	（1）粗锉至加工线条； （2）根据所计算的尺寸链，精锉两个平面； （3）粗、精锉侧平面	（1）锉纹整齐一致； （2）平面度达到 0.04 mm； （3）与邻面垂直度 0.06 mm； （4）达到尺寸 38 mm、20 mm、60 mm 的要求	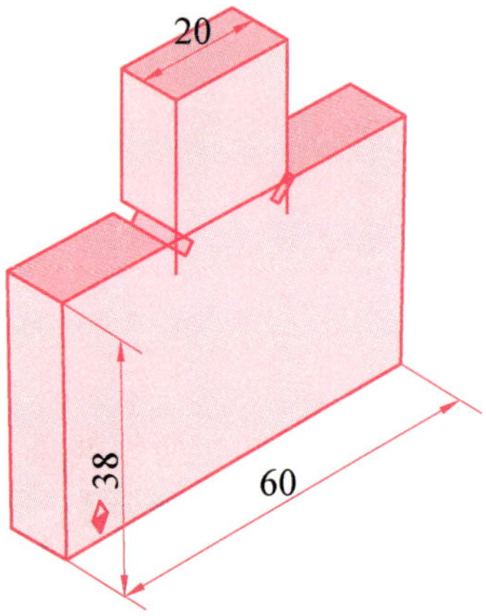

续表

序号	加工过程	目标要求	作业图
7	按所划线条锯好两条锯缝（为了工件的刚性，先锯下面一条锯缝，再锯上面的锯缝）	（1）达到尺寸 8 mm、16 mm 的要求； （2）平面度达到 0.5 mm	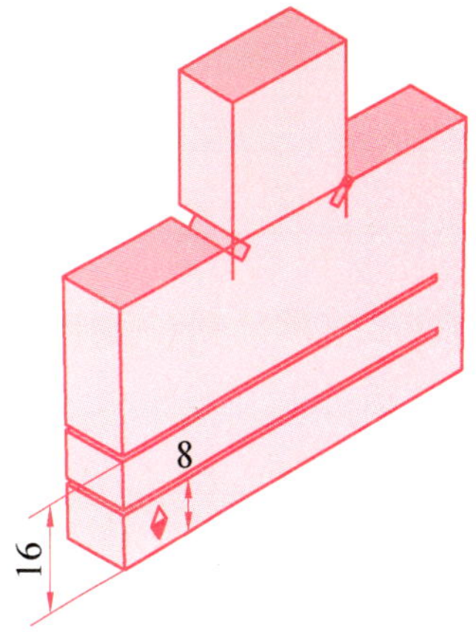
8	（1）全面检查尺寸精度、平面度和垂直度，做必要的修整锉削加工； （2）将各锐边均匀倒钝	（1）锉纹一致； （2）无毛刺，倒钝均匀	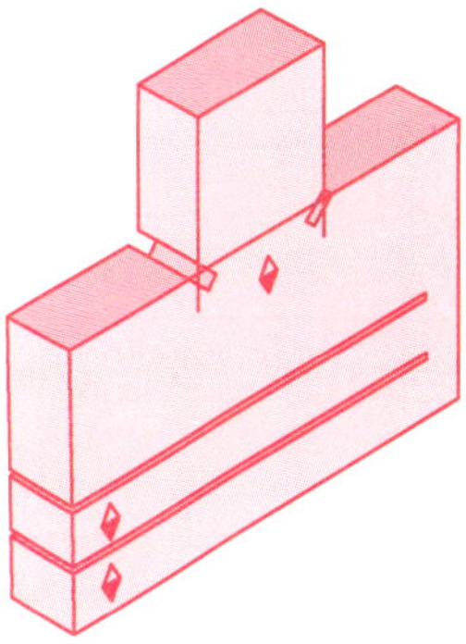

四、任务评价

（1）锯削操作评分如表 3-8 所示。

表 3-8　锯削操作评分

序号	检测内容	配分	评分标准	得分	备注
1	锯削基本知识	10	对锯弓、锯条的了解		
		10	工件的安装方法正确		
		10	能根据锯削材料正确选择锯条		
		10	锯削姿势和锯削速度正确		
		10	能根据材料类型确定锯削方法		
2	锯削凸形件	10	锯前划线正确		
		10	锯缝直线度≤0.8 mm		
		10	锯缝间隔均匀，锯深合理		
		10	去毛刺，整型到位		

续表

序号	检测内容	配分	评分标准	得分	备注
3	安全文明生产	10	无工量具混放,工位打扫彻底		
	备注				
	合计	100			

(2) 工件质量检测评分如表 3-9 所示。

表 3-9 工件质量检测评分

序号	项目及要求	配分	检验结果	得分	备注
1	(60 ± 0.06) mm	6			
2	$58_{-0.12}^{\ 0}$ mm	6			
3	(16 ± 0.5) mm	2			
4	(8 ± 0.5) mm	2			
5	$20_{-0.06}^{\ 0}$ mm(3 处)	18			
6	2×90°	8			
7	Ra3.2 μm(8 处)	8			
8	⌖ 0.12 A	6			
9	▱ 0.04(5 处)	10			
10	▱ 0.5(2 处)	6			
11	⊥ 0.06 B(5 处)	10			
12	工艺槽 2 mm×1 mm×1.5 mm	2			
13	两内直角清角	6			
14	锯缝平直	6			
15	锐边均匀倒钝	4			
16	安全文明生产		违反有关规定酌情扣 5~10 分		
	合计	100			

(3) 小组学习活动评价如表 3-10 所示。

表3-10 小组学习活动评价

评价项目	评价内容及评价分值标准			自评	互评	教师评价	平均分
	优秀 16~20分	良好 13~15分	继续努力 12分以下				
分工合作	小组成员分工明确、任务分配合理	小组成员分工较明确，任务分配较合理	小组成员分工不明确，任务分配不合理				
知识掌握	概念准确，理解透彻，有自己的见解	不间断地讨论，各抒己见，思路基本清晰	讨论能够进行，但有间断，思路不清晰，对知识的理解有待进一步加强				
技能操作	能按技能目标要求规范完成每项操作任务	在教师或师傅进一步示范、指导下能完成操作任务	在教师或师傅的示范、指导下较吃力地完成每项操作任务				
总分							

五、任务小结

针对学生加工的情况进行讲评，对具有共性的问题进行分析讨论，展示优秀作品。要求学生在加工规范性上严格要求自己，遵守课堂纪律，安全文明生产。

◇ **安全提示**

（1）划线前需先锉好基准面。
（2）起锯时要压力小、行程短。
（3）安装锯条时松紧程度要适当，以免锯条折断崩出伤人。
（4）在锯削时要正确掌握好加工余量，仔细检查锯削、划线等情况，避免超差。

拓展提升

一、技能强化

1. 锯割铁梳子

从图3-14中可知，梳子的制作主要是锯削，要求锯缝间隔均匀、相互平行，锯缝底应锯到所划的终止线（直线或弧线），不能参差不齐。为保证锯缝平直应先划线，再按正确的锯削方法进行锯削。最后根据自己的喜好做好外形造型。

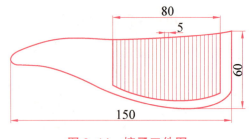

图 3-14 梳子工件图

制作说明：齿缝间隔 5 mm，外形可自己设计，此外形仅供参考，锯完后可打磨光整。

2. 四面凸形体

四面凸形体如图 3-15 所示。

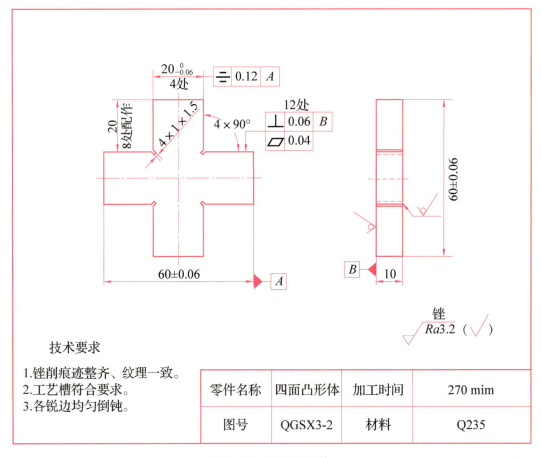

图 3-15 四面凸形体

二、典型例题

1. 一般情况下，锯削常采用（　　）。

　A. 近起锯　　　　B. 远起锯　　　　C. 中起锯　　　　D. 以上都可以

2. 锯削（　　）时应稍抬起。

　A. 回程　　　　　B. 推锯　　　　　C. 硬材料　　　　D. 软材料

3. 锯条在制造时，使锯齿按一定的规律左右错开，排列成一定形状，称为（　　）。

A. 锯齿的切削角度　　B. 锯路　　　　　　C. 细齿锯条　　　　　D. 任意均可

4. 锯削管子、薄板及硬材料时应选（　　）。

A. 粗齿锯条　　　　　B. 中齿锯条　　　　C. 细齿锯条　　　　　D. 任意均可

5. 关于锯削说法不正确的是（　　）。

A. 直线往复式运锯方法适用于锯削薄工件和直槽

B. 对锯削面要求不高的棒料，可转过已锯深的锯缝在阻力小的地方锯削，提高效率

C. 锯条齿尖方向朝前

D. 锯削薄管应选用粗齿锯条

6. 锯削硬材料和厚度较小的工件，一般采用（　　）。

A. 粗齿锯　　　　　　B. 中齿锯　　　　　C. 细齿锯　　　　　　D. 双面齿形锯

7. 锯路有交叉形，还有（　　）。

A. 波浪形　　　　　　B. 八字形　　　　　C. 随机排列形　　　　D. 螺旋形

8. 锯削下列工件，应选用细齿锯条的是（　　）。

A. 薄壁管　　　　　　B. 铝棒　　　　　　C. 铜棒　　　　　　　D. 软厚板

9. 起锯角一般（　　）。

A. 不小于15°　　　　 B. 不大于15°　　　 C. 20°左右　　　　　 D. 等于15°

三、高考回放

1.（2011年高考）关于钳工知识，下列说法正确的是（　　）。

A. 既能立体划线又能找正工件位置的是划规

B. 锯削棒料时若要求省时省力，从锯削开始连续锯削直到结束

C. 锯条安装过紧，锯削时会造成锯缝歪斜

D. 用吊角法检查锉削平面的平面度可采用刀口形直尺

2.（2015年高考）当锯缝的深度大于锯的高度时，未完成锯削应将锯条转过（　　）。

A. 120°　　　　　　　B. 90°　　　　　　 C. 60°　　　　　　　 D. 30°

3.（2016年高考）为延长锯条的使用寿命，锯条的行程应不小于锯条长的（　　）。

A. 3/4　　　　　　　 B. 2/3　　　　　　 C. 1/2　　　　　　　 D. 1/3

4.（2017年高考）如图3-16所示，锯削圆管的正确操作方法是（　　）。

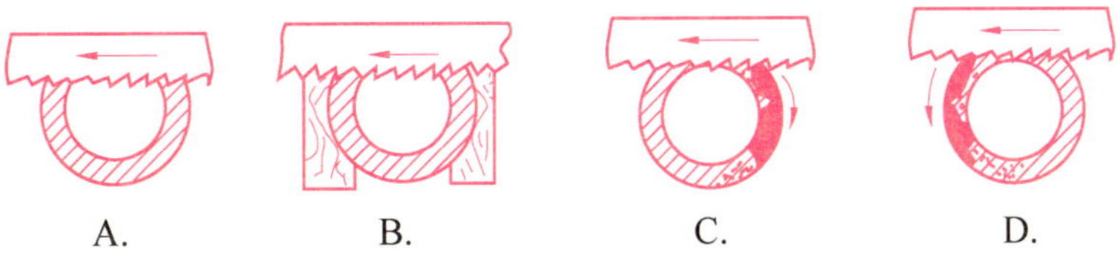

图3-16　圆管的锯削

5.（2017年高考）锯条的锯齿在制造时按一定规律左右错开，是为了（　　）。

A. 减小锯削失控，避免锯缝歪斜　　　　B. 减小锯削时锯条左右偏摆

C. 使排屑顺利，锯削省力　　　　　　　D. 提高锯条强度，不易崩齿

6.（2018年高考）下列不符合锯条安装的是（　　）。

A. 锯齿向前　　　B. 锯齿向后　　　C. 松紧适当　　　D. 锯条与锯弓共面

7.（2019年高考）锯削以下工件时，应选择粗齿锯条的是（　　）。

A. 软棒料　　　　B. 硬棒料　　　　C. 软材料薄板　　D. 硬材料薄管

8.（2015年高考）如图3-17所示扁钢的锯削，图3-17（a）为从宽面锯削，图3-17（b）为从窄面锯削。根据你的实践经验回答下列问题：

（1）若要使扁钢锯缝平直，最好采用哪一种锯削方式？

（2）从两图中看出，锯削的前进方向是向左还是向右？

（3）若扁钢的材料为Q235，选择中齿锯条锯削是否合适？

（4）锯削中，发现锯条扭曲摆动严重，请从锯条安装松紧程度方面说明原因。

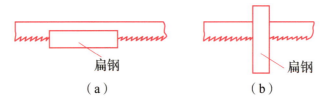

图3-17　扁钢的锯削

（a）从宽面锯削；（b）从窄面锯削

模块四　锉　削

模块概述

用锉刀对工件表面进行切削加工，使工件达到零件图样所要求的尺寸、形状和表面粗糙度，这种操作方法称为锉削。锉削常用于中小批量生产和机械维修以及某些形状复杂的零件、工具和模具的加工、装配、修整、修理和配作，在现代化工业生产中占有相当重要的地位。锉削的精度可达到 0.01 mm，表面粗糙度可达 Ra0.8 μm。

在钳工实训过程中，正确的锉削姿势，对锉削质量、锉刀功能的运用和发挥及操作者的疲劳程度都起着决定作用。锉削基本功的扎实与否，将直接影响今后实习的质量高低，必须高度重视。

模块目标

知识目标

1. 了解锉刀的构造，掌握锉刀的分类、规格和选用。
2. 掌握锉刀的握法、锉削姿势、锉削力的运用和锉削速度的选择等基本操作。
3. 掌握平面的锉削方法。
4. 掌握平面度、垂直度的检测方法。
5. 掌握锉削时的注意事项。

技能目标

1. 掌握锉刀柄的安装方法。
2. 掌握锉刀的保养方法。
3. 掌握锉刀的握法。
4. 掌握锉削时的站立姿势及锉削动作。
5. 掌握平面的各种锉削方法。

素养目标

1. 能够遵守操作规程，具有良好的工作习惯与职业道德，培养不怕累、肯吃苦、勇于挑战的劳动精神。
2. 能够严格按照图纸和工艺要求进行操作，对尺寸精度、形成精度和位置精度有高度的敏感性，保证加工质量。能够不断探索新的加工方法和工艺，提高工作效率和质量。

课题一　正确使用锉削工具

锉削的应用范围很广，可以加工工件的外平面、曲面、沟槽和各种复杂形状的表面。一般来说，锉削是在錾削、锯削之后进行，用来对工件进行精度较高的加工。锉削的精度可达 0.01 mm，表面粗糙度可达 $Ra0.8\ \mu m$。

一、锉刀

锉刀常用碳素工具钢 T12、T13 制成，并经热处理淬硬可达 62~72 HRC。锉刀较脆、易断，使用过程中应注意保护。锉刀由锉身和锉刀柄组成，如图 4-1 所示。

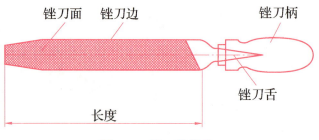

图 4-1　锉刀的构造

1. 结构

锉刀面是锉刀的主要工作面，上下两面都制有锉齿，便于进行锉削。锉刀边是指锉刀的两个侧边，有的两边都没有齿，有的其中一边有齿，没有齿的一边为光边。锉刀舌是用来装锉刀柄的，锉刀柄一般是木质的，在安装孔的一端应套有铁箍。锉纹是锉齿排列的图案，有单齿纹和双齿纹两种，如图4-2所示。

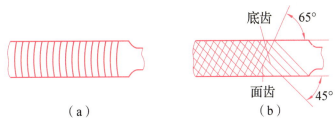

图 4-2 锉纹

(a) 单齿纹；(b) 双齿纹

2. 锉刀的种类

锉刀按用途不同可分为钳工锉、异形锉和整形锉，如表4-1所示。

钳工锉按锉身处的截面形状不同分为扁锉、半圆锉、三角锉、方锉、圆锉等，用于加工金属零件的各种表面，加工范围广泛，加工质量易于保证。

异形锉按断面形状不同分为菱形锉、单面三角锉、刀形锉、双半圆锉、椭圆锉、圆肚锉等。用于对不同型腔进行精细加工和零件特殊表面的加工。

整形锉主要用于修整工件上的细小部分的尺寸、形位精度和表面粗糙度，通常以每组5把、6把、9把、12把为一组。

表 4-1 锉刀的种类、断面和用途

种类	锉刀的断面形状	用途
钳工锉（普通锉）		一般需要安装手柄后才能使用，用于加工金属零件的各种表面，应用广泛，加工质量易于保证
异形锉（特种锉）		常用于对不同型腔进行精细加工和零件特殊表面的加工
整形锉（什锦锉）		常用于机械、模具、电器和仪表等零件的加工，修整工件上细小部位的尺寸、几何精度和表面粗糙度，通常5把、6把、9把、12把为一组

3. 锉刀的规格

锉刀的规格主要是指锉刀的大小和粗细。普通锉刀的尺寸规格用锉身的长度表示（方锉用端面边长表示，圆锉用端面直径表示）；特种锉刀的尺寸规格用锉刀的长度表示；整形锉刀用每套的把数表示。锉齿的粗细规格，按照国标 GB 5805—1986 规定，以锉刀每 10 mm 轴向长度内的主要锉纹条数来表示，也可用 1~5 号锉齿表示。常用平锉刀的规格参数如表 4-2 所示。

常用的锉刀有 100 mm、125 mm、150 mm、200 mm、250 mm 和 300 mm 等几种。

表 4-2　常用平锉刀的规格参数

主锉纹条数（10 mm 内）规格/mm	锉纹号 1	2	3	4	5
100	14	20	28	40	56
125	12	18	25	36	50
150	11	16	22	32	45
200	10	14	20	28	40
250	9	12	18	25	36
300	8	11	16	22	32
350	7	10	14	20	—
400	6	9	12	—	—
450	5.5	8	11	—	—

4. 锉刀的选用

每种锉刀都有一定的功用，如选择不合理，非但不能充分发挥它的效能，还将直接影响锉削的质量。根据工件材料的性质、加工余量的大小、加工精度、表面粗糙度要求选择合适的锉刀。选择锉刀主要依据以下几个原则：

1）选择锉齿的粗细

锉齿粗细的选择要根据工件的加工余量、尺寸精度、表面粗糙度、材质来决定。材质软选粗齿锉刀，材质硬选细齿锉刀；加工余量大选粗齿锉刀，加工余量小选细齿锉刀；尺寸精度要求高选细齿锉刀，尺寸精度要求低选粗齿锉刀；表面粗糙度要求高（值小）选细齿锉刀，表面粗糙度要求低（值大）选粗齿锉刀。

2）选择单、双齿纹

一般锉削有色金属应选用单齿纹锉刀和粗齿锉刀，防止切屑堵塞；一般锉削钢铁时应选用双齿纹锉刀，以便切屑、分屑而使切削省力高效。

3）选择锉刀的截面形状

根据工件的待加工表面形状选择锉刀的截面形状，如图 4-3 所示。

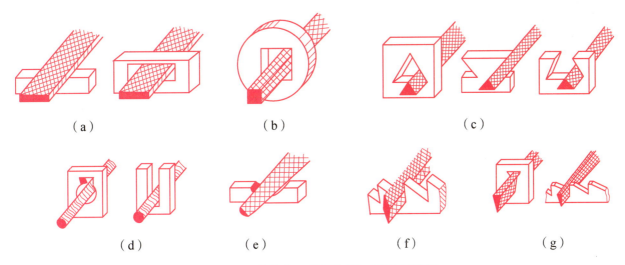

图 4-3 工件的加工表面与锉刀形状的选择

(a) 扁锉；(b) 方锉；(c) 三角锉；(d) 圆锉；(e) 半圆锉；(f) 菱形锉；(g) 刀锉

4）选择锉刀规格

锉刀的规格应根据加工表面的大小和加工余量的大小来决定。为保证切削效率，一般大表面和大的加工余量宜选用长锉刀，反之选短锉刀。

◇特别提示

加工余量是指加工前工件表面至加工后正确位置表面之间的距离，通俗地讲就是将要锉掉的材料的多少。根据加工余量的多少，把加工分为粗锉、半精锉和精锉。粗锉是为了较快地把余量去除；精锉是保证达到尺寸精度和表面粗糙度要求；半精锉是根据粗锉情况，介于精锉前的过渡加工，有时粗锉质量较好时可以省去半精锉。锉刀粗细及适用场合如表4-3所示。

表 4-3 锉刀粗细及适用场合

锉刀粗细	适用场合		
	锉削余量/mm	精度尺寸/mm	表面粗糙度 Ra/μm
1号（粗齿锉刀）	0.5~1	0.2~0.5	100~25
2号（中齿锉刀）	0.2~0.5	0.05~0.2	25~6.3
3号（细齿锉刀）	0.1~0.3	0.02~0.05	12.5~3.2
4号（双细齿锉刀）	0.1~0.2	0.01~0.02	6.3~1.6
5号（油光锉刀）	0.1 以下	0.01	1.6~0.8

5）锉刀的保养

合理使用和正确保养锉刀，能延长锉刀的使用寿命，提高工作效率，降低生产成本，因此应注意以下问题：

（1）为防止锉刀过快磨损，不要用锉刀锉削毛坯件的硬皮或工件的淬硬表面，而应先用其他工具或用锉刀前端、边齿加工。

（2）锉削时应先用锉刀的同一面，待这个面用钝后再用另一面，因为使用过的锉齿易锈蚀。

（3）锉削时要充分使用锉刀的有效工作面，避免局部磨损。

（4）不能用锉刀作为装拆、敲击和撬物的工具，防止因锉刀材质较脆而折断。

（5）用整形锉和小锉刀时，用力不能太大，防止锉刀折断。

（6）锉刀要防水、防油，沾水后的锉刀易生锈，沾油后的锉刀在工作时易打滑。

（7）锉削过程中，若发现锉纹上嵌有切屑，要及时将其去除，以免切屑刮伤加工面。锉刀用完后，要用钢丝刷或铜片顺着锉纹刷掉残留下的切屑，不可用嘴吹切屑，以防切屑飞入眼内。

（8）放置锉刀时要避免与硬物相碰，避免锉刀重叠堆放，防止损坏。

二、锉削的方法

锉削如图4-4所示的C面和D面（A面和B面均已加工好）。锉削基本技能包括锉刀的握法、锉削时人的站立姿势、双手用力方法、平面锉削方法等。

进行锉削基本技能的练习，操作时应根据要求细心体会、感悟、感知，才能有良好的"手感"。

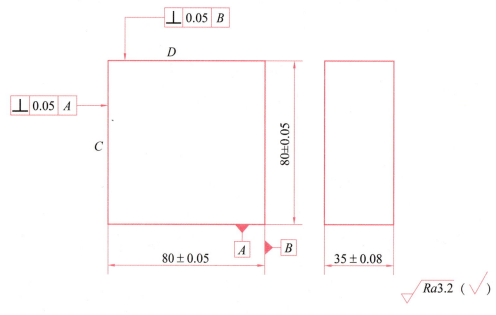

图4-4 零件图

1. 锉刀的安装、拆卸

锉刀舌是用来安装锉刀柄的。锉刀柄常用木质材料制造，在锉刀柄的前端有一安装孔，孔的最外围有铁箍。

锉刀柄的安装有两种方法：第一种方法，右手握锉刀，左手五指扶住锉刀柄，在台虎钳的砧面上用力向下冲击，利用惯性把锉刀舌部装入柄孔内；第二种方法，左手握住锉刀，先把锉刀轻放入柄孔内，然后右手用手锤敲击锉刀柄，使锉刀舌部装入柄孔内。注意：在安装时，要保持锉刀的轴线与柄的轴线一致，如图4-5（a）、（b）所示。

拆锉刀柄时，不能硬拔，否则不但容易出事故，而且不易拔出。通常在台虎钳砧面上，将锉刀平放，从水平方向由远至近地加速冲击，手柄运动至台虎钳止口突然停住，而锉刀在惯性的作用下与锉刀柄分开，这样做既省力又快速。注意：拆卸的时候，锉刀运动方向上不能有人，以免受到伤害，如图4-5（c）所示。

（a） （b） （c）

图4-5 锉刀的安装与拆卸

（a）安装方法一；（b）安装方法二；（c）拆卸

2. 锉刀的握法

锉刀大小不同，握法也不一样。锉刀的正确握法是保证锉削姿势自然协调的前提。图4-6（a）所示为大型锉刀的基本握法，初学者必须熟练掌握。其方法是：右手紧握锉刀柄，柄端抵在手掌心上，大拇指放在锉刀柄上部，其余手指由下而上地握着锉刀柄；左手拇指根部压在锉刀头上，中指和无名指捏住前端，食指、小指自然收拢，以协同右手使锉刀保持平衡。

中型锉刀握法：右手与大型锉刀握法相同，左手中指、食指捏住锉刀前端面，大拇指下压在锉刀面正上方，不需像握大型锉刀那样施加很大的力，如图4-6（b）所示。

小型锉刀握法：由于需要施加的力较小，故手的握法也有所不同，左手的手指压在锉刀的中部，右手与大型锉刀的握法基本相同。采用这样的握法，操作者容易掌握，使小型锉刀运行更平稳，如图4-6（c）所示。更小型锉刀只要用右手握住即可，食指在上面，拇指在左侧。

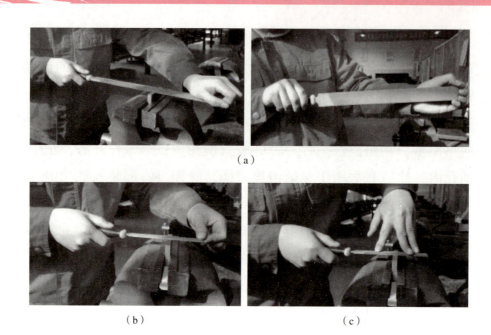

图 4-6 锉刀的握法

（a）大型锉刀的握法；（b）中型锉刀的握法；（c）小型锉刀的握法

3. 锉削姿势

正确的锉削姿势能够减轻疲劳，提高锉削质量和效率。锉削姿势与锉刀的大小有关。锉削时站立要自然，左手、锉刀、右手形成的水平直线称为锉削轴线。右脚掌心在锉削轴线上，右脚掌长度方向与锉削轴线成75°角；左脚略在台虎钳前左下方，与锉削轴线成30°角；两脚跟之间距离因人而异，通常为操作者的肩宽；身体平面与锉削轴线成45°角；身体重心大部分落在左脚，左膝呈弯曲状态，并随锉刀往复运动做相应屈伸，右膝伸直。锉削时的站立姿势如图4-7所示。

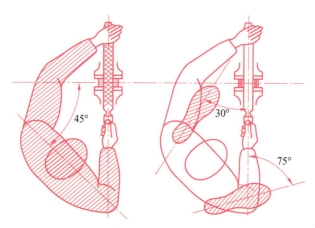

图 4-7 锉削时的站立姿势

锉削时要充分利用锉刀的全长，用全部锉齿进行工作。开始时身体要向前倾斜10°左右，右肘尽可能收缩到后方。最初1/3行程时，身体逐渐前倾到15°左右，使左膝稍弯曲；中间1/3行程，右肘向前推进，同时身体也逐渐前倾到18°左右；最后1/3行程，用右手腕将锉刀推进，身体随锉刀的反作用力退回到15°位置。锉削行程结束后，把锉刀略提起一些，身体恢复到起始位置姿势。锉削时人体的运动如图4-8所示。

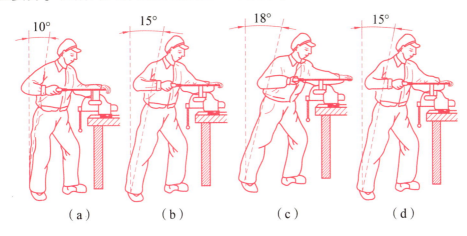

图4-8 锉削时人体的运动

(a) 开始时；(b) 前1/3行程；(c) 中间1/3行程；(d) 最后1/3行程

4. 锉削力

锉削时为了锉出平直的表面，必须正确掌握锉削力的平衡，使锉刀平稳。锉削时有两个力，一个是推力，一个是压力，其中推力由右手控制，压力由两手控制，而且在锉削中，要保证锉刀前后两端所受的力矩相等，即随着锉刀的推进左手所加的压力由大变小，右手所加的压力由小变大，否则锉刀不稳、易摆动，如图4-9所示。

图4-9 锉削时两手的用力

(a) 锉削开始；(b) 锉削中程

5. 锉削速度

锉削速度一般为30~40次/min，动作要自然、协调。速度过快，操作者易疲劳，且易降低锉刀的使用寿命；太慢则切削效率低。

注意问题：

锉刀只在推进时加力进行切削，返回时，不加力、不切削，把锉刀返回即可，否则易造成锉刀过早磨损；锉削时利用锉刀的有效长度进行切削加工，不能只用局部某一段，否则局部磨损过重，造成寿命降低。

三、工件的装夹

工件的装夹是否正确，直接影响锉削质量的高低。工件的装夹应符合下列要求：

（1）工件尽量夹持在台虎钳钳口宽度方向的中间。锉削面靠近钳口，以防锉削时产生振动。

(2)装夹要稳固，但用力不可太大，以防工件变形。

(3)装夹已加工表面和精密工件时，应在台虎钳钳口衬上纯铜皮或铝皮等软的衬垫，以防夹坏表面。

四、平面的锉削方法

平面锉削的方法有交叉锉法、顺向锉法和推锉法三种。

1. 交叉锉法

锉刀从交叉的两方向交替对工件进行锉削。锉刀运动方向与工件夹持方向成 30°～40°夹角，锉刀与工件的接触面积较大，容易掌握平衡，能及时反映出平面度的情况，效率较高。但是锉削面不美观，易在工件表面留下交叉纹路，表面粗糙度较差，适用于平面的粗锉或半精锉，如图 4-10 所示。

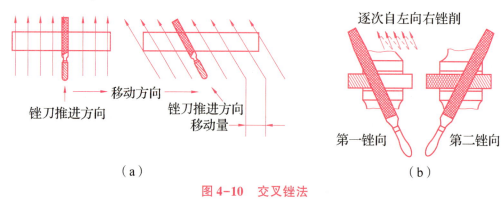

图 4-10 交叉锉法

(a)移动方向；(b)交叉锉锉刀方向

2. 顺向锉法

锉刀的推进方向始终与工件的夹持方向一致，顺向锉削可以得到整齐一致的锉纹，比较美观。对面积不大的平面和最后锉光时都采用这种方法，一般多用于精锉，如图 4-11 所示。

3. 推锉法

推锉法两手对称地握住锉刀，用两手大拇指推动锉刀，适用于加工余量小、狭长的表面或最后修正尺寸时使用，但是效率较低，如图 4-12 所示。

在锉削过程中，表面粗糙度的检查一般用目测，也可用表面粗糙度样板进行对照检查。

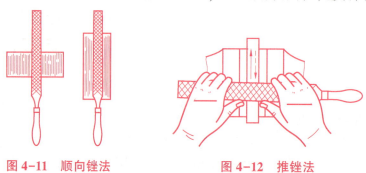

图 4-11 顺向锉法　　图 4-12 推锉法

◇ 提示

不管采用顺向锉法还是交叉锉法，为了保证加工平面的平面度，应尽可能做到锉刀在不同处重复锉削的次数、用力的大小及锉刀的行程保持相同，并且每次的横向移动量均匀、大小适当。

五、锉削平面检测方法

1. 平面度的检测

常用刀口形直尺通过透光法检测锉削面的平面度。检测时，刀口形直尺应垂直放在工件表面，在纵向、横向、对角方向多处逐一进行，其最大直线度误差即为该平面的平面度误差。如果刀口形直尺与锉削平面间透光强弱均匀，说明该锉削面较平；反之，说明该锉削面不平，其误差值可以用塞尺塞入检测，如图 4-13 所示。

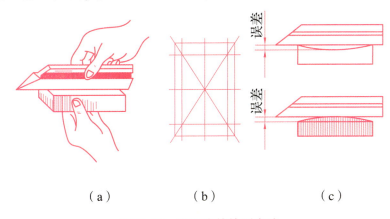

图 4-13 平面度的检测方法

（a）透光法检测；（b）纵向、横向、对角方向逐一进行；（c）平面度误差

2. 垂直度的检测

用刀口形直角尺采用透光法检测。检测前先将工件锐边倒钝，用尺座靠近基准面、尺面垂直被测面进行检测。当变换检测位置时，应将刀口形直角尺提起后再放下，以免刀口磨损，影响检测精度，如图 4-14 所示。

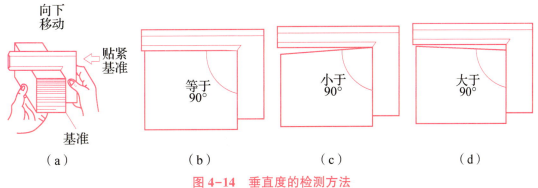

图 4-14 垂直度的检测方法

（a）光隙法判断垂直度误差；（b）被测处垂直；（c）左侧有光隙小于90°；（d）右侧有光隙大于90°

注意事项：

（1）刀口形直角尺尺座应始终贴紧工件基准面，手持尺座向下的力要轻，不能因为看到被测面的光隙而松动刀口形直角尺，否则测量不准确。

（2）与刀口形直尺一样，刀口形直角尺也不能在工件表面拖动。

用游标卡尺在不同尺寸位置上多测量几次，明确各处尺寸余量，并对垂直度的检查结果综合，分析锉削误差存在情况。

3. 尺寸的检测

用游标卡尺检测工件的尺寸时需在全长不同的位置上多测量几次，确定锉削面各处的尺寸误差值，作为精加工的依据。为提高检测精度，可用带表游标卡尺检测工件的尺寸，如图4-15所示。

图4-15　尺寸检测

4. 表面粗糙度的检测

一般用目测法观察，根据经验值来判断。如要求准确，可用表面粗糙度样板对照检测，如图4-16所示。

图4-16　表面粗糙度检测

> ◇ 提示
>
> 为提高锉削平面的质量，一般采用边锉削边检测的方法，直到锉削面符合技术要求为止。

5. 锉削质量分析

在操作过程中或加工完工件后，会发现出现尺寸精度超差或形位公差（如平面度、垂直度等）不符合要求、加工表面较粗糙等情况，以至于工件精度不符合图纸要求而成为废品。因此，了解废品存在的形式、分析产生原因并明确预防方法，有助于进一步提高锉削技能和水平。

1) 锉削常见的质量问题

锉削常见的质量问题有平面中凸、塌边和塌角；形状、尺寸不准确；表面较粗糙；锉掉了不该锉的部分或工件被夹坏等。

2) 锉削质量分析及预防方法（见表 4-4）

表 4-4 锉削质量分析及预防方法

锉削质量问题	产生原因	预防方法
平面中凸、塌边和塌角	锉刀选择不合理，锉削时施力不当	合理选择锉刀；反复体会锉削力的使用，领会"左减右加"的要领
形状、尺寸不准确	划线不准确，或锉削时未及时检查尺寸，或读数不准确	严格按图纸划线，划线后仔细检查；锉削时边锉边量，并明确锉削部位及其余量
平面相互不垂直	锉削时施力不当，垂直度误差累计	严格控制基准平面度；逐个保证垂直度误差，减少累计误差；用直角尺随时测量
表面较粗糙	锉刀粗细选择不当；锉屑堵塞锉刀表面未及时清理	合理选择锉刀；及时清理锉刀表面嵌入的切屑
工件被夹坏	工件在台虎钳上夹持不当；台虎钳的钳口太硬，将工件表面夹出凹痕；薄而大的工件未夹好，锉削变形	工件夹在台虎钳钳口中间位置；夹紧力适当；夹紧时用铜钳口
锉掉了不该锉的部分	锉削时锉刀打滑，或者没有注意区分带锉齿工作边和不带锉齿的光边	更换已经打滑的锉刀；锉内角时注意用不带锉齿的光边对着已锉好的面，同时注意控制锉刀运行的位置

六、锉削安全常识

（1）锉刀柄一定要安装牢固，不可松动，更不可使用无柄或木柄裂开的锉刀。

（2）锉削时不可将锉刀柄撞击到工件上，否则锉刀柄会突然脱开，锉刀尾部会弹起而刺伤人体。

(3) 锉削时不可用手去清除铁屑，以防刺伤手，也不能用手去摸工件锉过的表面，以防引起表面生锈。

(4) 锉刀放置时不要将其露在台虎钳外面，以防锉刀落下砸伤脚和摔断锉刀。

小　　结

通过对本课题的学习，了解锉刀的种类、规格，能根据图纸和工艺要求正确选用锉刀，掌握正确的握锉姿势、锉削站立姿势。通过反复的锉削练习，体会感悟锉削力的运用。能运用刀口形直尺、刀口形直角尺、游标卡尺等量具进行简单的锉削质量检验，并知道锉削质量问题产生的原因和预防方法。

阶段性实训　锉削四方体

一、任务分析

如图 4-17 所示，要求在 180 min 内用锉削方法将毛坯加工成一个四方体（两端面无须加工），并使用直角尺、游标卡尺、塞尺等量具进行简单检测。

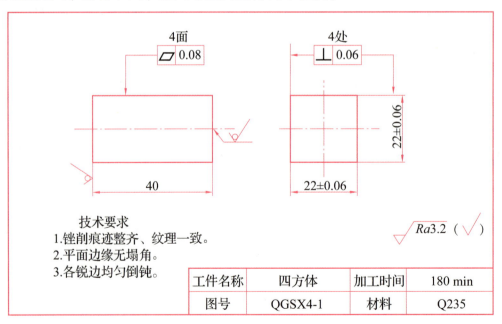

图 4-17　四方体

（1）（22±0.06）mm 表示四方体的两组对边尺寸及公差。

（2）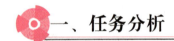 表示前后相邻两面的垂直度为 0.06 mm。

(3) ⌒ 0.08 表示锉削后的平面度为 0.08 mm。

(4) $\sqrt{Ra3.2}$ 表示锉削加工后表面粗糙度为 $Ra3.2$ μm。

本次实训任务是将四方体用锉削的方法进行精加工，并且达到图纸的要求和尺寸。为了使锉削时有更加明确的加工界限，必须先进行划线，再检测是否有加工余量；一般锉削加工时都需先加工一个基准平面，然后加工相邻的垂直面，组成一个基准角（需达到相关平面度和垂直度要求），这样对于后续的加工、测量都有很大的帮助；再根据基准面逐一锉削对面的两个平面，达到尺寸要求及平面度要求。

本次实训任务是单体件制作，即锉削加工四方体，只要达到尺寸精度、平面度及垂直度就可以满足要求。本任务要求学习锉刀和锉削过程，同时认识游标卡尺、直角尺等常用量具，学会简单的检测方法。任务的难点是平面的锉削。

二、加工准备

1. 工量刃具准备

钳工锉削操作前必须先将本任务相关的工量刃具准备就绪。其中场地工量刃具准备清单如表 4-5 所示；个人工量刃具准备清单则根据所学任务的不同有所变化，如表 4-6 所示。

表 4-5 场地工量刃具准备清单

序号	名称	规格	数量
1	钻床	（1）台式钻床可选用 Z512 或其他相近型号； （2）精度必须符合实训的技术要求； （3）台式钻床数量一般为每 4~6 人配备 1 台	6
2	台虎钳	（1）台虎钳可选用 200 mm 或其他相近型号； （2）台虎钳必须每人配备 1 台，且有备用	20
3	钳工工作台	（1）安装台虎钳后，钳工工作台高度应符合要求； （2）钳工工作台大小符合规定，工量具放置位置合理	10
4	砂轮机	（1）砂轮机可选用 250 mm 或其他相近型号； （2）配氧化铝、碳化硅砂轮，砂轮粗细适中	2
5	划线平板	（1）尺寸在 300 mm×400 mm 以上； （2）划线平板数量一般为每 4~6 人配备 1 块	6
6	方箱或靠铁	200 mm×200 mm×200 mm	2
7	高度游标卡尺	测量范围为 0~300 mm，精度为 0.02 mm	2
8	工作台灯	使用安全电压、照明充分、分布合理	若干
9	切削液	乳化液、煤油等	若干
10	润滑油	L-AN46 全损耗系统用油	若干

续表

序号	名称	规格	数量
11	划线液		若干

表 4-6　个人工量刃具准备清单

序号	名称	规格	数量
1	游标卡尺	0~150 mm，0.02 mm	1
2	刀口形直尺	125 mm	1
3	刀口形直角尺	63 mm×110 mm	1
4	钢直尺	150 mm	1
5	锉刀	200 mm，细齿扁锉	1
6	锉刀	200 mm，中齿扁锉	1
7	锉刀	250 mm，中齿扁锉	1
8	划针	100 mm	1
9	软钳口		1
10	锉刀刷		1
11	毛刷		1

2. 材料毛坯准备

材料毛坯准备清单如表 4-7 所示。

表 4-7　材料毛坯准备清单

材料名称	规格	数量
Q235	24 mm×24 mm×40 mm	1 块/人

三、任务实施

锉削四方体的加工过程及目标要求如表 4-8 所示。

表 4-8 锉削四方体的加工过程及目标要求

序号	加工过程	目标要求	作业图
1	（1）选择一个平面，划出加工线条，确定锉削加工余量； （2）粗精锉第一面； （3）在对应的端面上打钢印（学号）	（1）线条清晰； （2）锉纹一致； （3）平面度达到 0.08 mm； （4）与端面、侧面基本垂直，保证另外三面有加工余量	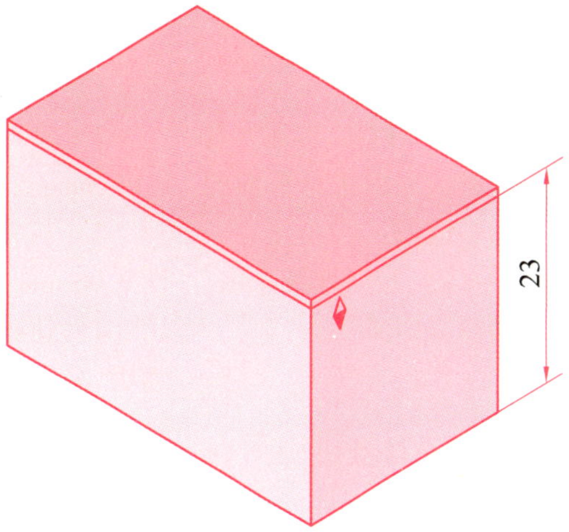 （尺寸 23）
2	（1）选择已加工的第一面为基准面； （2）划出第二个平面（第一面的相邻面）的加工线条； （3）粗、精锉第二面	（1）锉纹一致； （2）平面度达到 0.08 mm； （3）与侧面垂直度 0.06 mm； （4）保证另外两面有加工余量	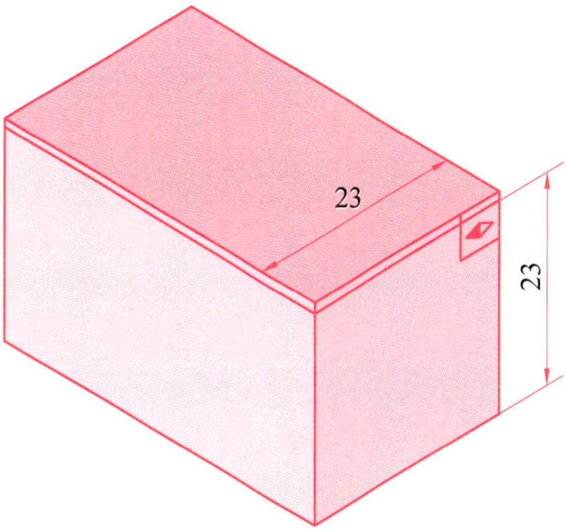 （尺寸 23、23）
3	（1）以第一面为基准面，划出相对平面的加工线条； （2）按所划线条粗、精锉第三面	（1）锉纹一致； （2）平面度达到 0.08 mm； （3）与邻面垂直度 0.06 mm； （4）达到对边尺寸 22 mm	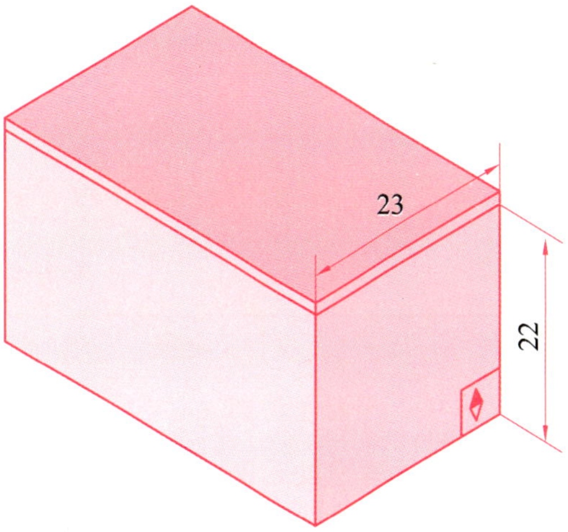 （尺寸 23、22）

续表

序号	加工过程	目标要求	作业图
4	(1) 以第二面为基准面，划出相对平面的加工线条； (2) 按所划线条粗、精锉第四面	(1) 锉纹一致； (2) 平面度达到0.08 mm； (3) 与邻面垂直度0.06 mm； (4) 达到对边尺寸22 mm	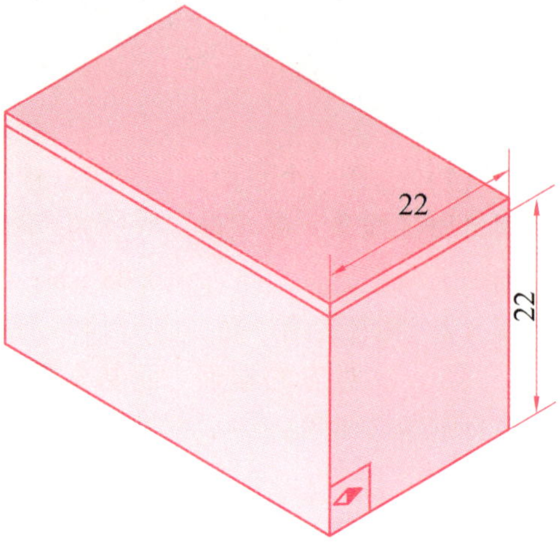
5	(1) 全面检查尺寸精度、平面度和垂直度，做必要的修整锉削加工； (2) 将各锐边均匀倒钝	(1) 锉纹一致； (2) 无毛刺，倒钝均匀	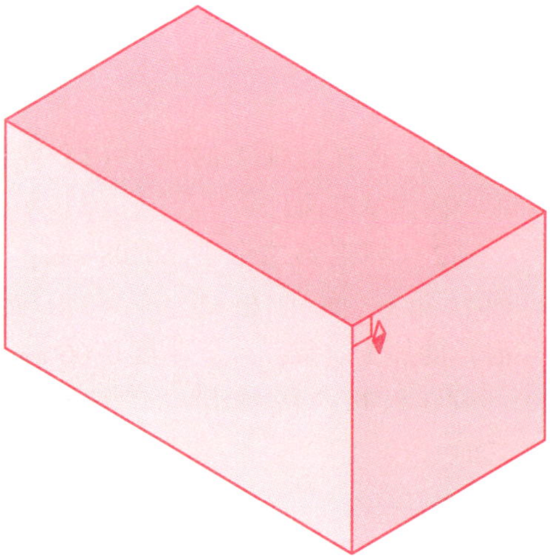

四、任务评价

（1）工件质量检测评分如表 4-9 所示。

表 4-9 工件质量检测评分

序号	项目及要求	配分	检验结果（自检、互检）	得分	备注
1	平面度 0.08 mm（4 面）	12			
2	垂直度 0.06 mm（4 处）	12			
3	尺寸公差（22±0.06）mm（2 处）	20			
4	锉纹一致（4 面）	8			
5	站立位置正确、自然	10			
6	身体动作姿势正确、自然	10			

续表

序号	项目及要求	配分	检验结果（自检、互检）	得分	备注
7	握锉姿势正确、自然	10			
8	粗、精锉分开，锉刀选用合理	8			
9	安全文明生产	10			
	合计	100			

（2）小组学习活动评价如表 4-10 所示。

表 4-10　小组学习活动评价

评价项目	评价内容及评价分值标准			自评	互评	教师评价	平均分
	优秀 16~20 分	良好 13~15 分	继续努力 12 分以下				
分工合作	小组成员分工明确、任务分配合理	小组成员分工较明确，任务分配较合理	小组成员分工不明确，任务分配不合理				
知识掌握	概念准确，理解透彻，有自己的见解	不间断地讨论，各抒己见，思路基本清晰	讨论能够进行，但有间断，思路不清晰，对知识的理解有待进一步加强				
技能操作	能按技能目标要求规范完成每项操作任务	在教师或师傅进一步示范、指导下能完成操作任务	在教师或师傅的示范、指导下较吃力地完成每项操作任务				
	总分						

五、任务小结

针对学生加工的情况进行讲评，对具有共性的问题进行分析讨论，展示优秀作品。要求学生在加工规范性上严格要求自己，遵守课堂纪律，安全文明生产。

拓展提升

一、技能强化

1. 圆弧凸板锉削

如图 4-18 所示圆弧凸板零件，在划线后可先加工成 T 形件，然后再加工 $R25$ mm、

$R20$ mm 圆弧。圆弧锉削时锉刀的运行轨迹、用力不同于平面锉削。凸圆弧面粗锉采用横向滚锉法，锉成菱形，精锉采用顺向滚锉法。凹圆弧面用半圆锉刀（或圆锉刀），粗锉采用横向滚锉法，精锉采用推锉法。

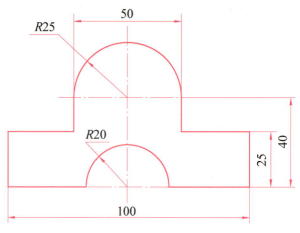

图 4-18　圆弧凸板零件

1）圆弧面锉削特点（见表 4-11）

表 4-11　圆弧面锉削特点

锉削表面	锉削方法及运动特点	锉刀类型
凸圆弧面	顺向滚锉法、横向滚锉法	扁锉刀
凹圆弧面	横向滚锉法 （1）沿轴向做前进运动，以保证轴向方向全程切削 （2）向左或向右移动半个至一个锉刀直径，以免加工表面出现棱角 （3）绕锉刀轴线转动约 90°	圆锉刀、半圆锉刀
球面	锉圆柱端部、球面的方法：锉刀一边沿凸圆弧面做顺向滚锉动作，一边绕球面和周向摆动	扁锉刀
锉配	锉配是指锉削两个相互配合零件的配合表面，使配合的松紧程度达到所规定的技术要求。锉配时，一般先锉好基准件，再锉配合件，通常先锉外表面，再锉内表面	根据加工表面选择合适的锉刀

2）操作步骤

（1）45°斜向装夹工件，如图 4-19（a）所示，目的是用锉平面的方法去除加工余量。但余量去除至一定程度后需要适当旋转零件在台虎钳上装夹的角度，以便于形成 $R25$ mm 圆弧的包络线，使加工余量较小。

（2）用横向滚锉法粗锉 $R25$ mm 圆弧。

锉刀主要沿着 R25 mm 的圆弧轴线方向做直线运动，同时还沿着圆弧面做适当的摆动，如图 4-19（b）所示。一般横向滚锉法适用于粗锉圆弧面。

粗锉接近划线时，用 R 规检查圆弧轮廓，判断误差大小。用直角尺检查 R25 mm 圆弧面与大平面的垂直度。

（3）用顺向滚锉法精锉 R25 mm 圆弧面。

如图 4-19（c）所示，顺向锉圆弧面时，锉刀需同时完成两个运动：一个是锉刀的前进运动，另一个是锉刀绕圆弧轴心的摆动。多次反复，并用 R 规检查 R25 mm 圆弧轮廓，用直角尺检查圆弧面与大平面的垂直度，用游标卡尺检查圆弧高度 65 mm 等，根据综合检测结果，进行精修直至达到图纸要求。

（4）去除 R20 mm 圆弧余量，用半圆锉加工 R20 mm 圆弧面。

至划线外 0.2 mm 左右处，用横向滚锉法继续去除余量，同时用 R 规检查 R20 mm 圆弧轮廓，用直角尺检查圆弧面与大平面的垂直度。

（5）用细齿圆锉刀，采用推锉法精锉 R20 mm 内圆弧，测量方法同步骤（4）。

（6）各边倒棱、去毛刺。

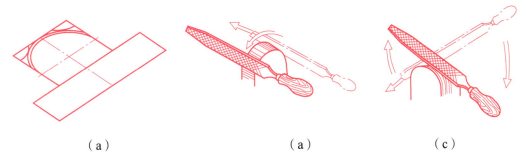

（a）　　　　　　　　　　（a）　　　　　　　　　　（c）

图 4-19　锉削凸板圆弧

（a）装夹工件；（b）粗锉圆弧面；（c）精锉圆弧面

2. 锉削车形样板（见图 4-20）

1）图样分析

此样板分两部分，一部分为车身，另一部分为车轮，制作时应分开制作。此样板主要质量要求：

（1）（50±0.1）mm 尺寸有公差要求，制作时应用游标卡尺测量以满足要求。

（2）车身除前后两面外，其周边均需锉削，且要求所有锉削面与车身前面（B 基准）垂直度不大于 0.04 mm。

（3）车身下面（A 基准）有直线度要求，公差为 0.04 mm。左右两侧面与下面（A 基准）有垂直度要求，公差为 0.04 mm。上面与下面（A 基准）有平行度要求，公差为 0.04 mm。

（4）车身加工中还要测量 101°、140°、150°、135°（C6 的角度）四个角度，应确保其正确。另有 2×φ32 mm、R10 mm、R20 mm、R20 mm、R4 mm 六个圆弧的加工，加工过程中应用 R 规检测。其余尺寸因没有公差要求，按划线加工即可。

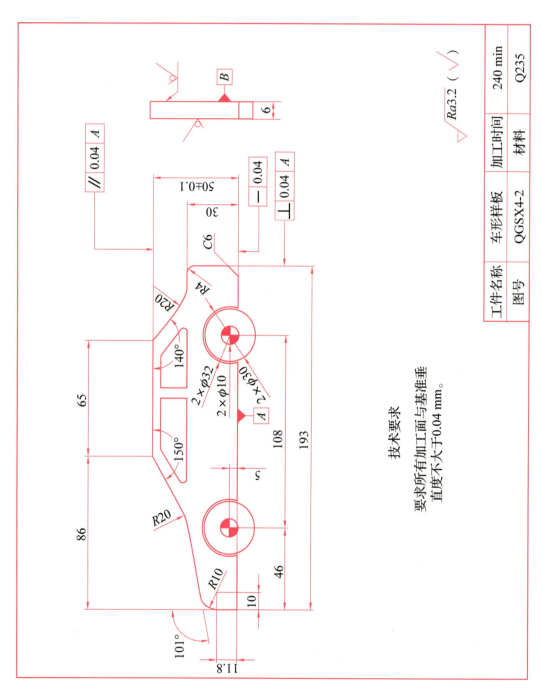

图 4-20 车形样板

(5) 车轮加工也应保证轮侧和轮面的垂直度不大于 0.04 mm。圆度应用 R 规测量。

2) 加工过程

(1) 修整来料毛坯。

先锉削图中基准面 A，使其直线度达到 0.04 mm，与 B 基准垂直度达到 0.04 mm。再锉削左侧面，使其与 B 基准、A 基准的垂直度都达到 0.04 mm。然后加工右侧面，要求和左侧面一样同时保证尺寸 193 mm，至此坯料修整完毕，如图 4-21 所示。

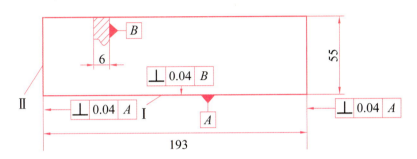

图 4-21　车形样板坯料图

(2) 划所有加工线。

第一步：以 I 为基准用高度游标卡尺划 O_1、O_2、O_3 的水平中心线，D 点和 50 mm 水平线。高度游标卡尺的量爪可直接在工件上划线。其尺寸调整与游标卡尺一样，划线时应按紧尺座，移动时使尺座始终贴紧平板。

第二步：以 II 为基准用高度游标卡尺划 O_1、O_2、O_3 的竖直中心线，A、B、C、D 和 E 点。

第三步：用万能角度尺过 A 点划线 a，过 B 点划线 b，过 C 点划线 c，连接 DE 点。

第四步：用几何画法找出 R20 mm 的圆心 O_4、O_5，在 O_1、O_2、O_3、O_4、O_5 处打上样冲眼，再用划规划出 $2\times\phi 32$、R10 mm、R20 mm 等圆弧。

第五步：全面检查划线，看是否有漏划错划，无误后打样冲眼。

车形样板划线结果如图 4-22 所示。

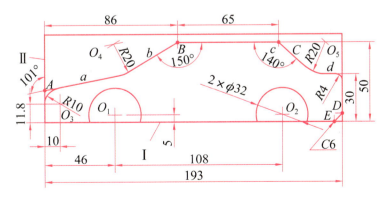

图 4-22　车形样板划线结果

3) 主要加工内容

主要加工内容如表 4-12 所示。

表 4-12 主要加工内容

序号	主要内容	作业图
1	留约 2 mm 余量，锯去左右两角及顶部。顶部余量若较少则用锉削去除	
2	按图样锉削顶部，保证与 B 基准的垂直度公差不超过 0.04 mm。用游标卡尺测量（50±0.1）mm 尺寸，同时保证与 A 基准的平行度公差不超过 0.04 mm	
3	锉削各斜面及倒角，保证与 B 基准的垂直度公差不超过 0.04 mm，用万能角度尺测量角度；锉削各圆弧，保证与 B 基准的垂直度公差不超过 0.04 mm，用 R 规测量半径	
4	锉削轮毂槽，用 R 规测量半径，保证与 B 基准的垂直度公差不超过 0.04 mm。其余量可按右图去除	
5	先加工装饰车窗，再加工车轮。轮心处可先钻孔，再把锉好的车轮填入	
6	去毛刺，全面检查，做必要修整	

3. 正六棱柱工件

正六棱柱工件的特点是两底面为边长相等、角度都是 120° 的正六边形，六个侧面为大小相等的矩形，所有侧面与底面均垂直，如图 4-23 所示。另外，正六棱柱工件的各个边长理论上是相等的，但实际制作时由于边长不能直接测准，加工时很难保证相等。而工件的加工工艺对其精度至关重要，较好的工艺则可提高其精度。

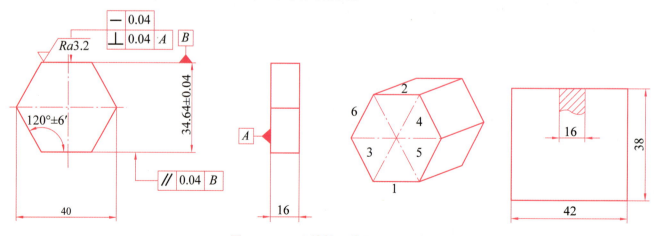

图 4-23 正六棱柱工件及毛坯尺寸

1）图样分析

此工件的主要质量要求为：各对边尺寸（34.64±0.04）mm 有公差要求，制作时应用游标卡尺测量以满足要求；所有 120°±6′角度有公差要求，制作时用万能角度尺进行角度的测量；各侧面有 0.04 mm 直线度要求，各侧面对 A 基准有 0.04 mm 垂直度要求，各相对面有 0.04 mm 平行度要求。加工时应使角度、几何公差符合要求。

2）加工过程

根据本工件特点，在制作时，为保证其精度，特制定边做边划线的加工过程，如表 4-13 所示。

表 4-13 主要加工过程

序号	加工过程	作业图	序号	加工过程	作业图
1	粗、精锉第 1 面作为基准面		4	划线，锯削，粗、精锉第 4 面	
2	划线，锯削，粗、精锉基准面相对面第 2 面		5	划线，锯削，粗、精锉第 5 面、第 6 面。以第 5 面为基准划出相距尺寸 34.64 mm 的平面加工线，保证图样的尺寸要求	
3	划 120°线，锯削，粗、精锉基准面的邻面 3				

锉削工件时应注意的事项：

基准面是作为加工时控制其他各面的尺寸、位置精度的测量基准，故必须在达到规定的平面度要求后，才能加工其他面。测量时，锐边必须去毛刺、倒钝，以保证测量的准确性。

加工时要防止片面性，既不能为了取得平面度精度、平行度精度而影响了尺寸要求和角度精度，也不能为了保证角度精度而忽略了平面度精度和平行度精度，更不能为了提高表面粗糙度而忽略了其他。总之，加工时要相互兼顾，保证达到图样要求的各项精度。

二、典型例题

1. 交叉锉法锉刀运动方向和工件夹持方向成（　　　）角。

A. 10°~20°　　　B. 20°~30°　　　C. 30°~40°　　　D. 40°~50°

2. 圆锉刀的尺寸规格是以端面的（　　　）尺寸大小规定的。

A. 长度　　　B. 直径　　　C. 半径　　　D. 半度

3. 平锉、方锉、半圆锉和三角锉属（　　）类锉刀。
   A. 异形　　　　　B. 整形　　　　　C. 普通　　　　　D. 特殊

4. 下列关于锉削加工的说法正确的是（　　）。
   A. 交叉锉法锉刀的运动方向是交叉的，适宜锉削余量较小的工件
   B. 平面锉削是锉削中最基本的操作，其三种操作方法中滚锉法使用最多
   C. 顺向锉法是最基本的锉削方法，不大的平面适宜用这种方法锉削
   D. 锉削余量大一般前阶段用交叉锉法，以保证精度

5. 单齿纹锉刀是全齿宽同时参加切削，锉削时较费力，因此仅限于锉削（　　）。
   A. 软材料　　　　B. 硬材料　　　　C. 较硬材料　　　D. 以上都可以

6. 关于锉削说法错误的是（　　）。
   A. 平面锉削时，常用推锉法修光工件表面
   B. 锉削硬材料时，一般选用细齿锉刀
   C. 常用百分表检验锉削平面的平面度
   D. 钳工锉主要用于锉削工件上的特殊表面

7. 锉削余量较大时，一般可在锉削的前阶段用（　　）。
   A. 顺向锉法　　　B. 交叉锉法　　　C. 推锉法　　　　D. 顺向滚锉法

8. 锉削加工余量小、精度等级和表面质量要求高的低硬度工件应选用的锉刀是（　　）。
   A. 粗齿锉　　　　B. 细齿锉　　　　C. 粗油光锉　　　D. 细油光锉

9. 平面锉削时，常用于最后修光工件表面的锉削方法是（　　）。
   A. 交叉锉法　　　B. 顺锉向法　　　C. 推锉法　　　　D. 逆向锉法

10. 锉配时，一般先锉好其中一件，再锉另一件。通常（　　）。
    A. 先锉内表面再锉外表面　　　　　B. 先锉外表面再锉内表面
    C. 内外表面一起锉　　　　　　　　D. 以上做法都可以

11. 适用于锉削加工余量小，狭长平面的锉削方法是（　　）。
    A. 交叉锉法　　　B. 顺向锉法　　　C. 推锉法　　　　D. 回锉法

12. 选择锉刀时，锉刀（　　）要和工件加工表面形状相适应。
    A. 大小　　　　　B. 粗细　　　　　C. 新旧　　　　　D. 断面形状

13. 双齿纹锉刀适于锉（　　）材料。
    A. 软　　　　　　B. 硬　　　　　　C. 大　　　　　　D. 厚

14. 关于平面锉削完工后的检测，下列说法错误的是（　　）。
    A. 常用钢直尺或刀口形直尺以透光法来检验其平面度
    B. 常用刀口形直角尺以透光法来检验其垂直度
    C. 采用透光法时，若透光微弱、弱而均匀则表明平面平直

D. 在检验垂直度误差时，刀口形直角尺的长边应始终紧贴基准面

三、高考回放

1. （2012年高考）锉削余量大，精度等级和表面质量要求低的低硬度工件应选用的锉刀是（　　）。

   A. 粗齿锉　　　　B. 细齿锉　　　　C. 粗油光锉　　　　D. 细油光锉

2. （2013年高考）关于钳工知识下列说法错误的是（　　）。

   A. 高度游标卡尺除可以测量高度外，其量爪还可以直接用于划线
   B. 锉削平面的平面度可以用刀口形直尺吊角法检验
   C. 锯削薄板可以用手锯做横向斜推锯进行锯削
   D. 锉削外圆弧面时，顺锉法主要用于精加工

3. （2014年高考）有关钳工基本操作中，下列说法正确的是（　　）。

   A. 利用划针划线时，可以重划
   B. 安装锯条时，锯条平面应在锯弓平面内或与锯弓平面平行
   C. 锯削薄板料时不可以用两木块夹住锯削
   D. 采用顺向斜交叉法锉平面时，锉刀与锉件平行

4. （2015年高考）关于锉削加工，以下说法错误的是（　　）。

   A. 锉削狭长平面且锉削余量较小时，可采用推锉法
   B. 锉配时，通常先锉好基准件，再锉非基准件
   C. 锉削平面时如双手用力不平衡，工件表面就会被锉成一个凹弧面
   D. 锉削完成后，常用钢直尺或刀口形直角尺，以透光法来检验其平面度

5. （2015年高考）平面锉削时，锉削余量较大，可在锉削的前阶段采用（　　）。

   A. 交叉锉法　　　B. 推锉法　　　C. 顺向锉法　　　D. 滚锉法

6. （2016年高考）锉削零件上的特殊表面，应选用（　　）。

   A. 异形锉　　　　B. 整形锉　　　C. 钳工锉　　　D. 半圆锉

7. （2017年高考）粗加工较软材料时应选择（　　）。

   A. 粗齿锉刀，顺向锉法　　　　B. 粗齿锉刀，交叉锉法
   C. 中齿锉刀，推锉法　　　　　D. 油光锉刀，横向交叉锉法

8. （2017年高考）检测锉削平面的方法是（　　）。

   A. 样块比较法　　　　　　　　B. 传感器触针法
   C. 刀口形直尺透光法　　　　　D. 百分表校正法

9. （2018年高考）锉削余量较小、工件平面狭长时，应采用的锉法是（　　）。

   A. 顺向锉法　　　B. 逆向锉法　　　C. 交叉锉法　　　D. 推锉法

10. （2019年高考）下列锉刀中，其规格不是用锉身长度表示的是（　　）。

A. 扁锉　　　　B. 圆锉　　　　C. 三角锉　　　　D. 半圆锉

11.（2020 年高考）修整工件上细小部分用（　　）。

A. 钳工锉　　　B. 异形锉　　　C. 整形锉　　　　D. 半圆锉

12.（2021 年高考）用于修整工件平面细小部分的锉刀是（　　）。

A. 圆锉　　　　　　　　　　　B. 整形锉

C. 半圆锉　　　　　　　　　　D. 异形锉

13.（2020 年高考）如图 4-24 所示，用圆柱形毛坯锉削正六棱柱，序号为 1 的面是首先锉削的基准面，第二步锉削面的序号是（　　）。

A. 2　　　　　　　　　　　　B. 3

C. 4　　　　　　　　　　　　D. 6

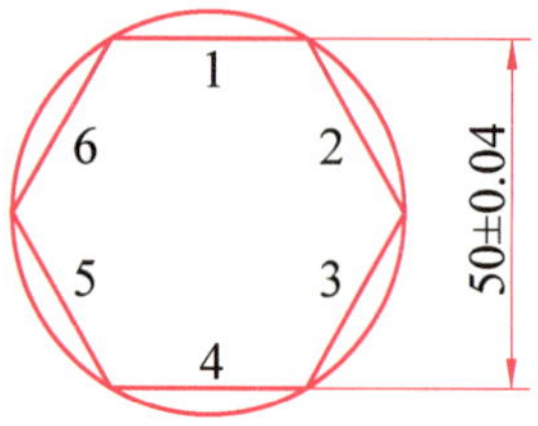

图 4-24　锉削正六棱柱

14.（2022 年高考）锉削材料为 Q235 的工件平面，表面粗糙度要求为 $Ra3.2\ \mu m$，最后一次锉削需选择的锉刀是（　　）。

A. 异形锉　　　B. 粗齿扁锉　　C. 中齿扁锉　　　D. 细齿扁锉

15.（2018 年高考）如图 4-25 所示，根据锉配相关知识完成下列任务：

（1）补充完整凸形件的加工操作步骤：

①锉削外轮廓基准面，画出凸形件加工线，钻 $\phi 3$ mm 工艺孔；

②按划线锯去工件的垂直一角，_____、_____两个垂直面至尺寸；

③按同样方法完成另一垂直角的加工。

（2）补充完整锯削注意事项：

①锯削时，应使锯条往复长度不少于锯条全长的_____。

②锯削时起锯角以不超过_____为宜。

（3）锉削时，应根据工件的_____、尺寸精度、_____和工件材质选择锉齿的粗细。

（4）为保证凹、凸形件装配时侧面的平面度，在凸面加工时，应严格控制_____误差。

（5）加工垂直角时，为防止刀侧面碰坏另一面，需要对刀侧面_____。

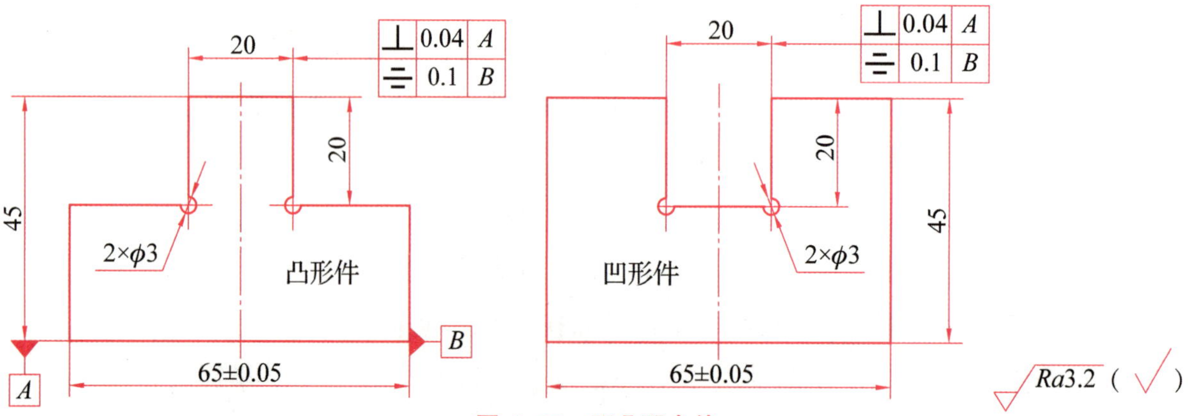

图 4-25　凹凸配合件

122

模块五

孔 加 工

模块概述

> 大家知道无论是什么机器，从加工制造每个零件到最后组装成机器，几乎都离不开孔，那么这些孔是通过什么加工而成的呢？选择不同加工方法得到的孔的精度、表面粗糙度是不相同的。合理地选择加工方法有利于降低成本，提高工作效率。

模块目标

知识目标

1. 了解钻床的类型及钻削安全注意事项。
2. 认识常用的钻床辅具，了解其使用方法。
3. 掌握不同类型钻头的装拆方法。
4. 了解钻孔时工件的几种基本装夹方法。
5. 掌握钻孔的操作步骤及安全注意事项。
6. 掌握麻花钻的结构、几何角度及各要素的作用。
7. 了解刃磨麻花钻的要求。
8. 了解扩孔钻的特点。
9. 了解锪钻的种类和特点。
10. 掌握铰刀的种类和特点。
11. 掌握扩孔、锪孔与铰孔时的注意事项。

技能目标

能正确地装拆不同类型的麻花钻；掌握钻孔、扩孔、锪孔和铰孔的操作方法及操作要点。

素养目标

具有安全意识，能够遵守操作规程，具有良好的工作习惯与职业道德，培养不怕累、肯吃苦、勇于挑战的劳动精神。在训练中能够不断探索新的加工方法和工艺，提高工作效率和质量。

课题一　孔加工设备和工具

钻孔是用钻头在实体材料上加工孔的操作方法。钻孔属于粗加工，其尺寸公差等级一般为 IT11~IT10，表面粗糙度 Ra 为 50~12.5 μm；扩孔尺寸公差等级一般为 IT10，表面粗糙度 Ra 为 6.3 μm；铰孔属于精加工，尺寸公差等级一般为 IT8~IT7，表面粗糙度 Ra 为 1.6~0.8 μm，铰削余量可根据孔的大小从手册中查取。

一、钻床类型

常用的钻床有台式钻床、立式钻床和摇臂钻床。一般情况下，钻孔时工件是固定的，钻头安装在钻床主轴上做旋转运动为主运动，钻头沿轴线方向移动为进给运动。

由于钻头是在半封闭的状态下切削的，且转速高、切削量大，因此钻削具有以下特点：

（1）摩擦严重，需要的切削力较大；

（2）产生的热量多，而且传热、散热困难，切削温度较高；

（3）由于钻头的高速旋转和较高的切削温度，造成钻头磨损严重；

（4）由于钻削时的挤压和摩擦容易产生孔壁的冷作硬化现象，给下道工序增加困难；

（5）钻头细而长，钻孔容易产生振动，加工精度低。

1. 台式钻床

台式钻床简称台钻，主要由工作台、立柱、钻床头、主轴、变速机构、进给机构、皮带张紧机构、电动机和控制开关等组成，如图 5-1 所示。其特点是结构简单、操作方便，其缺点是使用范围小，通常只能安装直径为 13 mm 以下的直柄钻头。

台式钻床在使用过程中应注意维护与保养，工作台面必须保持清洁。钻通孔时必须使钻头能通过工作台面上的让刀孔，或在工件下面垫上垫铁，以免钻坏工作台面。用完后必须将钻床外露滑动面及工作台面擦净，并对各滑动面及各注油孔加注润滑油。

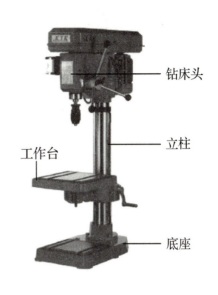

图 5-1　台式钻床

2. 立式钻床

立式钻床主要由底座、立柱、工作台、钻床头、主轴、主轴变速机构、进给变速机构、冷却机构、电动机、照明及电气控制装置等组成，如图 5-2 所示。

立式钻床是较为普通的一种中型钻床，结构复杂，精度高，由于增加了自动进给机构，使用范围大，可以安装较大直径钻头，适用于对单件、小批量中型工件孔的加工。

立式钻床在使用过程中应注意调整主轴转速。利用主轴锥孔，通过钻头变径套可安装不同莫氏锥度的锥柄钻头。立式钻床的工作台可上下调整，且能绕自身轴线转动，同时也能绕立柱转动，便于装夹在工作台上的工件找正。右上部有进给手柄，转动进给手柄，可实现手动进给。

图 5-2　立式钻床

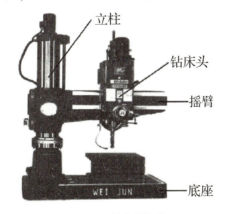

图 5-3　摇臂钻床

3. 摇臂钻床

摇臂钻床主要由底座、立柱、摇臂及钻床头等组成。钻床头可沿摇臂导轨前后滑移，摇臂可绕立柱旋转并上下移动，利用这些操作方法，可将钻头移至钻削位置而不必移动工件。摇臂钻床主要适用于加工大型工件和多孔工件，如图 5-3 所示。

除上述钻床外，手电钻也是钳工常用的钻孔工具之一。在装配工作中，当受到工件形状或加工部位的限制无法使用钻床钻孔时，可使用手电钻钻孔。

二、钻床辅具

1. 扳手三爪钻夹头

扳手三爪钻夹头简称钻夹头，钻夹头与钻具相连，用来夹持柄类工具，是钻床的主要辅具之一。夹头体的上端有一锥孔，用于连接钻夹头接杆或台钻主轴。钻夹头上的三个夹爪用来夹紧钻头的直柄，当带有小圆锥齿轮的钻夹头钥匙带动夹头套上的大圆锥齿轮转动时，与夹头套紧配的内螺纹圈也同时旋转。此内螺纹圈与三个夹爪上的外螺纹相配合，于是三个夹爪便伸出或缩进，钻头直柄被夹紧或放松，如图 5-4 所示。

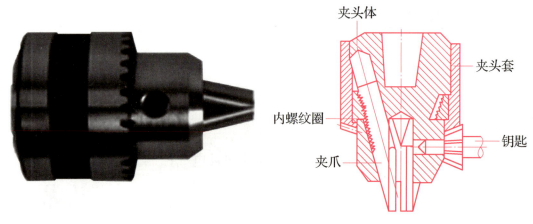

图 5-4　钻夹头

2. 钻头变径套

钻头变径套用来装夹 $\phi 13$ mm 以上的锥柄钻头。变径套内外锥面具有不同锥度号的锥套（又称钻头套或钻套），其外锥体与钻床锥孔连接，内锥孔与刀具或其他附件连接。标准钻头变径套共有五种，使用时应根据钻头锥柄莫氏锥度的号数和钻床主轴锥孔选用相应的钻头变径套。

3. 快换钻夹头

在钻床上加工同一工件时，往往需要更换不同直径的钻头或其他刀具，若用普通的钻夹头或钻头变径套来装夹刀具，需要停车换刀，既不方便又浪费时间，而且容易损坏刀具的钻头变径套，甚至影响到钻床的精度，这时可以使用快换钻夹头，从而大大提高生产效率，降低了操作者的劳动强度。

4. 平口钳

钻孔时将工件用平口钳装夹固定。装夹时，保证工件表面与钻头垂直，当钻头直径大于 8 mm 时，需将平口钳用螺栓或压板固定在钻床工作台上，确保安全。

三、钻床的调整与使用

在需要钻孔时，首先要根据所钻孔的大小和工件材料的软硬选择合理的转速。孔大或材料硬可用低转速，孔小或材料软可用高转速。其次根据工件的大小和钻头的长短调整钻床的床身高度，使工件既能放入钻头下，又能使孔一次钻到要求的深度。

1. 调整转速

台钻转速的调整是通过改变 V 带在两个五级塔轮上的相对位置实现的。

（1）变速时必须先停车。松开防护罩固定螺母，取下防护罩，便可看到两个五级塔轮和 V 带。

（2）松开台钻两侧的 V 带调节螺钉，向外侧拉 V 带，电动机会向内移动，使 V 带变松。

（3）改变 V 带在两个五级塔轮上的相对位置，即可使主轴得到五种转速，如图 5-5 所示。调整时一手转动塔轮，另一手捏住两塔轮中间的 V 带，将其向上或向下推向塔轮的小轮端。按"由大轮调到小轮"的原则，当向上调整 V 带时，应先在主轴端塔轮调整，向下则应先调电动机端塔轮。

◇提示

将 V 带送入塔轮时小心夹伤手指，同时注意不要被防护罩边缘的毛刺划伤。

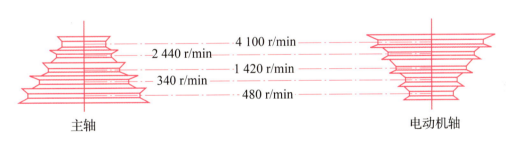

图 5-5 调整转速

（4）V 带调整到位后，用双手将电动机向外推出，使 V 带收紧。一手推住电动机，另一手分别锁紧两个 V 带调节螺钉。

安装 V 带时，应按规定的初拉力张紧。台钻 V 带调整可凭经验安装，带的张紧程度以大拇指能将 V 带按下 15 mm 为宜，如图 5-6 所示。新带使用前，最好预先拉紧一段时间后再使用。严禁用其他工具强行撬入或撬出，以免对 V 带造成不必要的损坏。

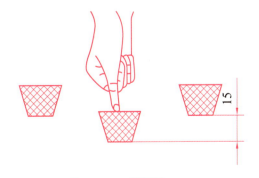

图 5-6 V 带调整

(5) 合上防护罩，锁紧防护罩固定螺母。开机检查运转是否正常。

2. 调整床身高度

调整床身一定要先确定工件和钻头，在装上钻头后调整更直观。台钻结构略有不同，本书以 Z512 台钻（见图 5-7）为例说明。

（1）装上钻头后，根据工件高度，确定要调整的距离。

（2）松开工作台锁紧手柄、保险环，转动工作台升降手柄，将工作台向上升至极限。

（3）确认保险环不会上下活动时，才可以松开床身锁紧手柄。

（4）再次用工作台升降手柄，将床身及工作台一起向上升高。当到达所需的高度时，锁紧床身锁紧手柄。

（5）反向转动工作台升降手柄，将工作台降下。用工件检查距离，并留意刀孔是否对准，如果合适可将工作台锁紧。

（6）最后将保险环向上推到床身处，再锁紧。

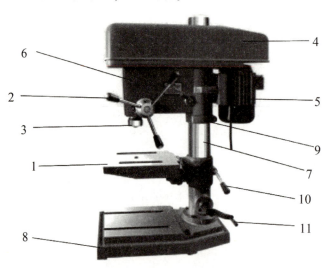

图 5-7　Z512 台钻

1—工作台；2—进给手柄；3—主轴；4—带罩；5—电动机；6—主轴架；7—立柱；8—机座；
9—保险环；10—锁紧手柄；11—升降手柄

◇提示

在使用钻床时，保险环一定要紧贴着床身并锁紧，不可疏忽。调整钻床时，在松开床身锁紧手柄前，一定要确认保险环托着床身，否则床身会突然落下来，造成事故。

3. 钻床的安全操作规程

（1）工作前必须穿好紧身工作服，扎好袖口，上衣下摆不能敞开，不准围围巾，不得在开动的机床旁穿、脱、换衣服，严禁戴手套。

（2）操作时必须戴好安全帽，女生辫子应放入帽内，不得穿裙子、拖鞋进入实训车间。

（3）钻床的各部位要锁紧，工件要夹紧。钻小的工件时，要用平口钳或专用工具夹持，夹紧后再钻。防止加工件旋转甩出伤人，不准用手持工件或按压着钻孔。

（4）用压板压紧工件时，垫铁的高度应等同或略高于工件的高度。

（5）开钻前应检查钻床传动是否正常，防护罩是否已合上，并检查钻夹头钥匙是否取下。

（6）操作者的头部不允许与旋转的主轴靠得太近，停车时应让主轴自然停止，不可用手制动。

（7）进给时一般应按逐渐增压和减压的原则进行，工件快钻通时应减压慢速，以免用力过猛造成事故。

（8）钻床开动后，不准接触运动着的工件、刀具和传动部分。禁止隔着机床转动部分传递或拿取工具等物品。

（9）钻头上绕长铁屑时，禁止用口吹、手拉铁屑，应使用刷子或铁钩清除。

（10）调整钻床转速、行程，换钻头，装卸工件，以及擦拭机床时，须停车进行。

（11）发现异常情况应立即停车，请有关人员进行检查。排除故障或修理时，应切断电源，禁止机器在未切断电源时进行修理。

（12）钻床运转时，不准离开工作岗位，因故要离开时必须停车并切断电源。

小 结

本课题要求了解台钻的结构和工作原理，熟悉转速、床身高度的调整方法，掌握台钻的安全操作规程，能较熟练地操作台钻进行钻孔。

课题二 钻 孔

钻孔的精度较低，一般加工后的尺寸精度为 IT11～IT10 级，表面粗糙度一般为 $Ra50\sim12.5~\mu m$，常用于精度要求不高的孔或螺纹孔的底孔加工。

一、标准麻花钻的结构

麻花钻是钳工孔加工的主要刀具，一般由碳素工具钢或高速工具钢制成。麻花钻分为标准麻花钻和非标准麻花钻。非标准麻花钻是在标准麻花钻的基础上经过改制或刃磨而成的，用来解决被加工零件的特殊加工问题。

标准麻花钻由柄部、颈部和工作部分组成，如图 5-8 所示。其中，工作部分承担切削工作，由切削刃、容屑槽和刃带组成；柄部是钻头的夹持部分，有直柄和锥柄两种，直柄一般用于直径小于 13 mm 的钻头，锥柄用于直径大于 13 mm 的钻头。

1. 柄部

柄部是钻头的装夹部位，主要作用是与钻床主轴连接传递运动。一般直径小于 13 mm 的钻头制成直柄，直径大于 13 mm 的钻头制成锥柄。锥柄的扁尾部分用以增加传递扭矩、便于装卸钻头，锥柄钻头的柄部采用莫氏锥度，钻头越大锥柄号也越大。莫氏锥柄的直径如表 5-1 所示。

表 5-1　莫氏锥柄的直径

莫氏锥柄号	1	2	3	4	5	6
大端直径/mm	12	18	24	32	45	64
钻头直径/mm	13~15	15~24	24~32	32~50	50~65	65~80

2. 工作部分

麻花钻的工作部分由切削部分、导向部分组成，如图 5-8（a）所示。

（1）切削部分：由两条螺旋槽及其刃带所形成的前刀面、主切削刃、后刀面、横刃和副切削刃等组成，如图 5-8（b）所示，它承担着主要的切削工作。麻花钻切削部分的作用如表 5-2 所示。

（2）导向部分：在钻削时起引导钻头方向的作用，同时也是切削部分的备磨部分（切削部分在最前端）。

表 5-2　麻花钻切削部分的作用

名称	组成	作用
前刀面	切削部分两个螺旋外表面	切屑沿此流出（排屑）
后刀面	切削部分顶端两曲面	增加切削刃强度
副后刀面	切削部分两刃带表面	减少摩擦，保证钻头的直径
主切削刃	前刀面与后刀面的交线	担负主要切削工作
副切削刃	前刀面与副后刀面的交线	修光孔壁，保证尺寸精度
横刃	两个后刀面的交线	定心

3. 颈部

颈部的作用是在磨制麻花钻时作退刀槽使用。通常锥柄麻花钻的规格、材料及商标也打印在此处。

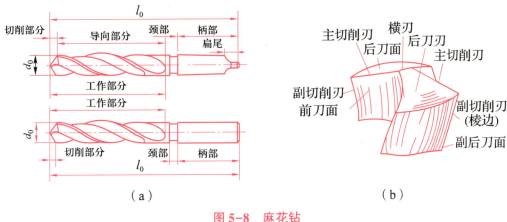

图 5-8 麻花钻

(a) 结构；(b) 切削面

二、标准麻花钻的几何角度

麻花钻的主要几何角度有顶角 2ϕ、前角 γ_0、后角 α_0、横刃斜角 ψ、螺旋角 β 等，如图 5-9 所示。

(1) 顶角（2ϕ）：是指由两主切削刃在与其平行的平面上投影的夹角。标准麻花钻（出厂时）顶角磨成 118°±2°，使用时可依据加工条件改磨成所需角度。顶角大小影响钻孔切削力，顶角小则轴向抗力小，顶角影响刀具耐用度，顶角小有利于散热和提高耐用度，同时影响切屑排出。顶角小易卷曲，使切屑排除困难，顶角影响加工表面的粗糙度，顶角小、刀尖角（主、副切削刃的夹角）大孔的表面粗糙度值较小。顶角的大小可依据所加工的材料的不同进行选择。

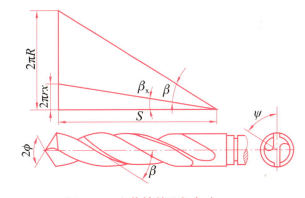

图 5-9 麻花钻的几何角度

(2) 前角（γ_0）：在主切削刃上通过选定点的前面与基面间的夹角。前角大小决定着切除材料的难易程度和切屑在前面上的摩擦阻力的大小，前角越大，切削越省力。外缘处前角最大，自外向内逐渐减小，在钻心至 $d/3$ 范围内为负值，取值为 -30°~30°。

(3) 后角（α_0）：主后刀面与切削平面的夹角。一般外缘处的后角 α_0 = 8°~14°。钻头主切削刃上各处的后角也不相同，其值外小内大、越靠近中心越大，后角影响钻头与切削平面的摩擦情况，后角小摩擦严重，但后角小刃口强度较高，后角将随钻孔的走刀量的增大而减小，当选用较大的走刀量时应适当加大后角，尤其应加大靠近钻头钻心的后角，钻头外缘处的后角可按上面选择。

(4) 横刃斜角（ψ）：主切削刃与横刃在垂直于麻花钻轴线的平面上投影的夹角。标准麻花钻的横刃斜角 ψ = 50°~55°。

(5) 刀尖角：主刀面与副刀面的夹角，其作用是对孔壁进行修光。

(6) 螺旋角（β）：副切削刃上选定点的切线与包含该点及轴线组成的平面间的夹角。标准麻花钻外缘处的螺旋角通常为18°~30°，控制排屑的难易程度。

三、标准钻头的修磨

刃磨标准麻花钻时，主要是刃磨两个后刀面。麻花钻两个后刀面要刃磨得光滑，同时要保证后角、顶角、横刃斜角正确。

1. 标准麻花钻的刃磨

(1) 修磨横刃：修磨横刃并增大靠近钻心处的前角，修磨后横刃的长度为原来的1/3~1/5，以减少轴向抗力和挤刮现象，提高钻头的定心作用和钻头的稳定性，同时在靠近钻心处形成内刃，切削性能得以改善。一般直径5 mm以上的钻头应修磨横刃。

(2) 修磨主切削刃：其方法主要是磨出第二顶角（$2\phi=70°~75°$），在钻头对外缘刃处磨出过渡刃（$f_0=0.2d$）以增大对外缘处的刀尖角改善散热条件，增加刀刃强度，提高切削刃与棱边交角处的耐磨性，延长钻头寿命，减少孔壁的残留表面积，有利于减小孔的表面粗糙度。

(3) 修磨棱边：在靠近主切削刃的一段棱边长，磨出副后角 $\alpha=6°~8°$，以保留棱边宽度为原来的1/3~1/2，减少对孔壁的摩擦，提高钻头寿命。

(4) 修磨前刀面：修磨外缘处前刀面，可以减小此处前角，以提高刀齿的强度，钻削黄铜时可以避免"扎刀"现象。

2. 刃磨麻花钻的动作要领

麻花钻对于机械加工来说，是一种常用的钻孔工具。结构虽然简单，但要把它真正刃磨好，也不是一件轻松的事。关键在于掌握好刃磨的方法和技巧，方法掌握了，问题就会迎刃而解。钻头刃磨时与砂轮的相对位置如图5-10所示。

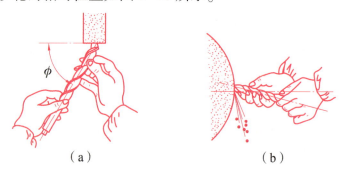

图 5-10　钻头刃磨时与砂轮的相对位置

(a) 在水平面内的夹角；(b) 略高于砂轮中心线

麻花钻的刃磨需要掌握以下几个技巧。

(1) 钻刃摆平轮面靠。

磨钻头前，先要将钻头的主切削刃与砂轮面放置在一个水平面上，也就是说，保证刃口接触砂轮面时，整个刃都要磨到。这是钻头与砂轮确定相对位置的第一步，位置摆好再慢慢往砂轮面上靠。这里的"钻刃"是主切削刃，"摆平"是指被刃磨部分的主切削刃处于水平位置。"轮面"是指砂轮的表面。"靠"是慢慢靠拢的意思，此时钻头还不能接触砂轮。

（2）钻轴斜放出锋角。

这里是指钻头轴心线与砂轮表面之间的位置关系。"锋角"即顶角118°±2°的一半，约为60°，这个位置很重要，直接影响钻头顶角大小及主切削刃形状和横刃斜角。此时钻头在位置正确的情况下准备接触砂轮。

◇提示

（1）和（2）都是指钻头刃磨前的相对位置，二者要统筹兼顾，不要为了摆平钻刃而忽略了摆好斜角，或为了摆放左斜的轴线而忽略了摆平钻头刃口。在实际操作中往往会出现这些错误。

（3）由刃向背磨后面。

这里是指从钻头的刃口开始沿着整个后刀面缓慢刃磨，这样便于散热和刃磨。刃口接触砂轮后，要从主切削刃往后面磨，也就是从钻头的刃口先开始接触砂轮，而后沿着整个后刀面缓慢往下磨。钻头切入时可轻轻接触砂轮，先进行较少量的刃磨，并注意观察火花的均匀性，及时调整手上压力大小，还要注意钻头的冷却，不能让其磨过火，造成刃口变色，以致刃口退火。发现刃口温度高时，要及时将钻头冷却。当冷却后重新开始刃磨时，要继续摆好技巧（1）和（2）所要求的位置，防止不由自主地改变其位置的正确性。一般直径大于15 mm的钻头，应在后面上磨出几条错开的分屑槽，如图5-11（a）所示。标准群钻应磨出月牙槽，如图5-11（b）所示。

（4）上下摆动尾别翘。

这是一个标准的钻头磨削动作，主切削刃在砂轮上要上下摆动，也就是握钻头前部的手要均匀地将钻头在砂轮面上上下摆动。而握柄部的手却不能摆动，还要防止后柄往上翘，即钻头的尾部不能高翘于砂轮水平中心线以上，否则会使刃口磨钝，无法切削。这是最关键的一步，钻头磨得好与坏，与此有很大的关系。在磨得差不多时，要从刃口开始，往后角再轻轻蹭一下，让刃后面更光洁一些。

（5）修整砂轮摆正角。

一边刃口磨好后，再磨另一边刃口，必须保证刃口在钻头轴线的中间，两边刃口要对称。对着亮光察看钻尖的对称性，慢慢进行修磨。钻头切削刃的后角一般为10°~14°。后角大了，切削刃太薄，钻削时振动厉害，孔口呈三角形或五边形，切屑呈针状；后角小了，钻削时轴向力很大，不易切入，切削力增加，温升大，钻头发热严重，甚至无法钻削。后角角度磨得适合，锋尖对中，两刃对称，钻削时钻头排屑轻快，无振动，孔径也不会扩大。

（6）修磨横刃与锋尖。

钻头两刃磨好后，两刃锋尖处因钻心而形成横刃，影响钻头的中心定位，需要在刃磨后对横刃进行修磨，把横刃磨短，方法如图 5-11（c）所示。这也是钻头确定中心和切削轻快的重要一点。注意：在修磨刃尖倒角时，千万不能磨到主切削刃上，这样会使主切削刃的前角偏大，直接影响钻孔。

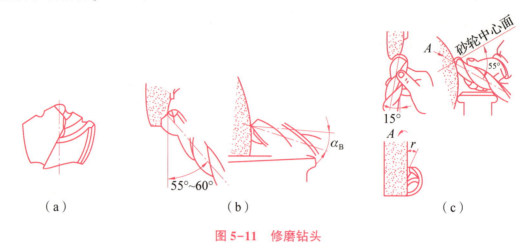

图 5-11　修磨钻头

(a) 磨分屑槽；(b) 磨月牙槽；(c) 修磨横刃

3. 标准麻花钻刃磨不正确对零件加工的影响

（1）标准麻花钻顶角不对称，钻削时只有一个切削刃切削，而另一个切削刃不起作用，两边受力不平衡，会使钻出的孔扩大和倾斜。

（2）标准麻花钻两主切削刃长度不相等，钻孔时会使钻出的孔径扩大。

（3）标准麻花钻的顶角不对称且两切削刃长度不相等，此时钻出的孔不仅孔径扩大，而且还会产生台阶。

刃磨注意事项：

（1）刃磨麻花钻时操作者应站在砂轮机的侧面，刃磨时用力不宜过大，应均匀地摆动。

（2）刃磨高速钢麻花钻过程中，应经常蘸水冷却，防止因切削部分过热而降低钻头硬度。

（3）刃磨过程中，应随时检查麻花钻的几何角度。

4. 群钻

群钻是利用标准麻花钻经合理刃磨而成的高生产率、高精度、强适应性、长寿命的新型钻头。在生产实践中，群钻钻型不断改进、扩展，现已形成一整套加工不同材料和适应不同工艺特性的钻型系列。其中标准群钻应用最广泛，它又是演变其他钻型的基础。标准群钻主要用来钻削碳钢和各种合金钢。标准群钻的刃形特点是"三尖、七刃、两种槽"，三尖指由于磨出月牙槽，主切削刃形成三个尖；七刃指两条外直刃、两条圆弧刃、两条内置刃、一条横刃；两种槽是月牙槽和单边分屑槽。

四、钻削用量的选择

钻孔时的切削用量是指钻孔时切削速度、进给量和背吃刀量的总称。选择钻削用量的目的是在保证加工精度和表面粗糙度的前提下，提高生产效率，同时应保证不超过机床功率及机床夹具的使用强度。

1. 切削速度（v_c）

切削速度是指钻孔时钻头直径一点的线速度，单位为 m/min，由下式计算：

$$v_c = \pi D n / 1\,000$$

式中　D——钻头直径（mm）；

　　　n——钻头的转速（r/min）。

一旦钻头的直径和进给量确定后钻削速度应按钻头的耐用度（寿命）选择（工厂一般按经验选择）。标准麻花钻的切削速度如表 5-3 所示。可根据选用的切削速度和钻头直径按下式计算主轴转速（单位：r/min）：

$$n = 1\,000 v_c / (\pi D)$$

表 5-3　标准麻花钻的切削速度

加工材料	硬度/HB	切削速度/（m·min^{-1}）	加工材料	硬度/HB	切削速度/（m·min^{-1}）
中高碳钢	125~325	22~12	低碳钢	100~125	27~21
合金钢	175~375	18~10	灰口铁	207~225	33~9
高速钢	207~225	13~10	球墨铸铁	140~300	30~12
铝镁合金	50~100	75~90	铜合金	200~250	48~20

2. 进给量（f）

进给量是指主轴每转一转钻头对工件沿主轴轴线的相对移动量，单位是 mm/r。钻头直径小，且钻孔较深应选用较小进给量；精度要求高，表面粗糙度 Ra 值较小时应选用较小进给量。标准麻花钻的进给量如表 5-4 所示。

表 5-4　标准麻花钻的进给量

钻头直径 D/mm	<3	3~6	6~12	12~25	>25
进给量 f/（mm·r^{-1}）	0.025~0.05	0.05~0.10	0.10~0.18	0.18~0.38	0.38~0.62

3. 背吃刀量（a_p）

背吃刀量是指已加工表面与待加工表面之间的垂直距离。对钻削而言，$a_p = D/2$（mm）。钻孔时由于背吃刀量已由钻头直径所决定，因此只需要选择钻削速度和进给量。一般直径在 30 mm 以下的孔一次钻出，直径超过 30 mm 的孔分两次钻削。第一次用 (0.5~0.7)D 的钻头先钻，再用所需要直径钻头将孔扩大。这样，既可分担钻头负荷也可提高钻孔质量。

【例 5-1】 在某钢件上钻 ϕ10 mm 的孔，已知：$v_c = 19$ m/min，求转速 n。

解：由 $v_c = \pi Dn/1\,000$ 可得 $n = 1\,000v_c/(\pi D)$

$$n = 1\,000v_c/(\pi D) = 1\,000 \times 19/(3.14 \times 10) \approx 605 \text{（r/min）}$$

【例 5-2】 已知：在钻孔过程中的进给量 $f = 0.60$ mm/r，主轴转速 $n = 375$ r/min，求每分钟走刀量 S。

解：$S = fn = 0.6 \times 375 = 225$（mm/min）

【例 5-3】 已知：钻孔后的直径 $D_n = 25$ mm，求钻孔时的背吃刀量 a_p。

解：钻孔时的背吃刀量为 $a_p = D_n/2 = 25/2 = 12.5$（mm）

五、钻孔操作要点

根据钻头直径不同，钻头装夹有两种形式：直柄钻头用钻夹头夹持，其夹持长度不小于 15 mm；锥柄钻头利用变径套直接与钻床主轴内锥孔连接。在实际生产中，当钻许多直径不同的孔时，可采用快换钻夹头，其最大的特点是不停车就可更换钻头，大大提高了生产率。不论采用哪种装夹形式，都要求钻头在钻床主轴上装夹牢固，且在旋转时径向跳动误差最小。

根据工件材料的不同，确定麻花钻是否需要特别刃磨，如钻削铜、钢、铸铁所用钻头的顶角和后角都会有些变化。钻头刃磨的好坏，反映在钻削时是否会产生对称切屑。

主轴转速主要取决于钻头的材料、钻头的直径、工件的材料以及冷却条件。φ6 mm 高速钢麻花钻，工件材料为 Q235，无冷却状态下，转速一般选用 800 r/min 左右；用水冷却可选 1 200 r/min 左右。转速的选择与钻头直径成反比，也可以查找切削手册。

（1）钻孔前须在钻孔处打样冲眼，有利于起钻时钻头的定心，避免打滑。

（2）装夹之前，应先把钳口内夹持面上的铁屑清除干净，以免夹在工件与钳口间破坏工件表面，影响定位精度以及夹持的稳定性。装夹后，被钻表面应与钻床主轴轴线垂直。

钻孔时，应根据钻孔直径、切削力的大小以及工件形状和大小，采用不同的装夹方法，以保证钻孔的质量和安全。常用的基本装夹方法有平口钳装夹、V 形铁装夹、压板夹持等，如图 5-12 所示。钻孔时，不论采用哪种装夹方法，都必须使夹持牢固且工件不变形。

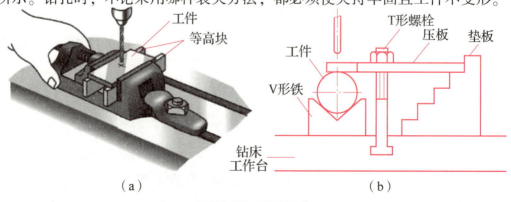

图 5-12 工件装夹

(a) 平口钳装夹；(b) V 形铁装夹、压板夹持

(3) 手动进给时，进给用力不应使钻头产生弯曲，以免钻孔轴线歪斜。进给量要均匀合理，太大易折断钻头，特别是直径小的钻头；太小钻头在原地摩擦，工件与钻头接触处易硬化，钻头也易磨钝。

> ◇ **特别提示**
>
> 钻削用量的选用原则：在允许范围内，尽量先选较大的进给量 f，当进给量受到表面粗糙度和钻头刚度的限制时，再考虑选较大的切削速度 v_c。

(4) 钻孔时要根据情况及时回退、排空切屑，盲孔加工时尤其重要。当钻头将要钻穿工件时，应减少进给量，减少到原来的 1/3~1/2，减小下压力，防止穿通时的瞬间抖动，出现"啃刀"现象，影响加工质量，折断钻头，甚至发生事故。

(5) 钻孔时，由于金属变形和钻头与工件的摩擦，会产生大量的切削热，使钻头的温度升高，磨损加快，从而缩短钻头的使用寿命，并使钻头和工件表面产生积屑瘤而影响钻孔质量，为此，应在钻孔时注入足够的冷却润滑液。一般钻钢件时可用 3%~5% 的乳化液，钻不锈钢时可用 10%~15% 的乳化液，钻其他材料如铸铁、铜、铝及合金等可不用切削液或用 5%~8% 乳化液。

钻孔时要确保安全操作，既要保证人身安全，又要保护好工件，还要不损坏钻床。

六、钻孔时的冷却和润滑

钻孔时，由于加工材料和加工要求不同，因此所用切削液的种类和作用也不一样。

钻孔一般属于粗加工，钻头处于半封闭状态加工，摩擦严重，散热困难，加切削液的目的应以冷却为主。

在高强度材料钻孔时，因钻头前刀面要承受较大的压力，要求润滑膜有足够的强度，以减少摩擦和钻削阻力。因此，可在切削液中增加硫、二硫化钼等成分，如硫化切削油。

在塑性、韧性较大的材料上钻孔，要求加强润滑油作用，在切削液中可加入适当的动物油和矿物油。

当孔的精度要求较高和表面粗糙度值要求很小时，应选用主要起润滑作用的切削液，如菜油、猪油等。

钻孔时安全文明生产及注意事项：

(1) 钻孔前，工作台面上不准放置刀具、量具及其他物品。钻通孔时，工件下面必须垫上垫铁或使钻头对准工作台的槽，以免损坏工作台。

(2) 操作钻床时禁止戴手套及使用棉纱，袖口必须扎紧，女生必须戴工作帽。

(3) 开动钻床前，应检查变速是否到位，是否有钻夹头钥匙或斜铁插在主轴上。钻孔时工件一定要夹紧，特别是在小工件上钻较大直径的孔时，装夹必须牢固。孔将钻穿时，要尽量减小进给力。

（4）钻孔时不可用手、棉纱头或用嘴吹来清除切屑，必须用毛刷清除；钻出长切屑时用钩子钩断后清除；当钻头上绕有长切屑时应先停车后清除，严禁用手拉或用铁棒敲击。

（5）操作者的头严禁与旋转着的主轴靠得太近，停车时应让主轴自然停止，不可用手制动，也不能用反转制动。

（6）装拆工件、检验工件和变换主轴转速，必须在停车状态下进行。

（7）清洁钻床或加注润滑油时，必须切断电源。

（8）装夹钻头时须用钻夹头钥匙，不可用扁铁和锤子敲击，以免损坏夹头和影响钻床主轴精度。

小　　结

通过对本课题的学习，要求了解标准麻花钻切削部分各刀面和刀刃，掌握麻花钻5个主要角度的含义及刃磨要求。学会刃磨麻花钻的技术要领，学会使用麻花钻进行孔的粗加工；理解钳工安全文明生产知识并在今后的工作中严格执行。

课题三　扩孔和锪孔

用扩孔刀具对工件上原有的孔进行扩大的加工方法，称为扩孔，一般用麻花钻或专用的扩孔钻扩孔。扩孔常作为半精加工及铰孔前的预加工。扩孔精度一般为IT10~IT9，表面粗糙度 Ra 为 6.3~3.2 μm。扩孔加工余量为 0.5~4 mm。

一、扩孔

当需要加工的孔直径较大时，为了防止在钻孔过程中产生过多热量而造成工件变形或切削力过大，或者是为了更好地控制孔的尺寸，一般先钻一个孔径较小的孔，然后再把孔的直径扩大到符合尺寸要求。用专业的扩孔钻扩孔，可校正孔的中心线偏差，并使其获得较正确的形状与较小的表面粗糙度值，如图5-13所示。

扩孔钻的形状与麻花钻基本相似。在日常应用中，常用麻花钻扩孔。采用麻花钻扩孔时，底孔直径一般为待加工直径的0.5~0.7倍。若采用扩孔钻扩孔时，底孔直径一般约为待加工直径的0.9倍。切削速度应比钻孔时小一些，进给量要均匀一致。

扩孔时背吃刀量 a_p 按下式计算：

$$a_p = (D-d)/2$$

式中　D——扩孔后直径；

　　　d——预加工孔直径。

扩孔加工时有以下特点：

切削速度较钻孔时大大减小，切削阻力小，切削条件大大改善；既避免了横刃切削所引起的不良影响，又使排屑更加容易。

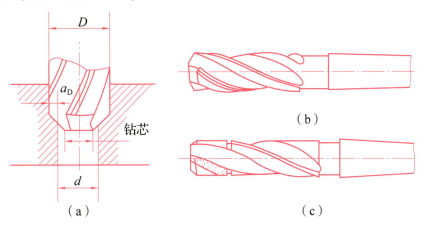

图 5-13　扩孔

（a）扩孔；（b）高速钢扩孔钻；（c）镶硬质合金扩孔钻

二、锪孔

1. 锪钻的种类和特点

用锪钻锪平孔的端面或切削出各种形状的沉孔方法称为锪孔。其目的是保证孔端面与孔中心线的垂直，以便与孔连接的零件位置正确、可靠，同时获得需要的孔口（如圆柱状、圆锥状、球状、平底等），使外观整齐、结构紧凑，如图 5-14 所示。

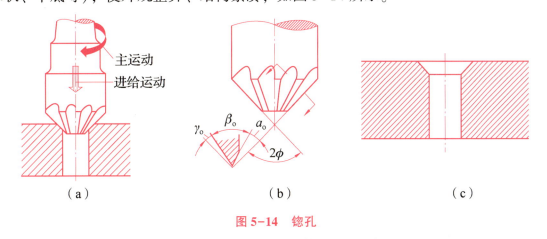

图 5-14　锪孔

（a）锪钻运动；（b）锪钻；（c）锪孔

锪钻按所需要的形状制造成型（有的场合用麻花钻改制），一般分为柱形锪钻、锥形锪钻、平面锪钻、异形锪钻四种。

柱形锪钻用于锪圆柱形埋头孔。柱形锪钻起主要切削作用的是端面刀刃，螺旋槽的斜角就是它的前角。锪钻前端有导柱,导柱直径与已经加工好的孔采用间隙配合,以保证良好的定心和导向。这种导柱是可拆卸的,也可以把导柱和锪钻做成一体。

锥形锪钻用于锪锥形孔,锥形锪钻的锥角按工件锥形埋头孔的要求不同,有60°、75°、90°、120°四种,其中90°的用得最多。

端面锪钻专门用来锪平孔口端面,端面锪钻可以保证孔的端面与孔中心线的垂直度。当已加工孔的孔径较小时,为了使刀杆保持一定强度,刀杆头部的一段直径与已加工孔采用间隙配合,以保证良好的导向作用。锪钻是标准工具,由专业厂生产,可根据锪孔的种类选用,也可以用麻花钻改磨成锪钻。

2. 锪孔方法和锪孔时的注意事项

锪孔方法和钻孔方法基本相同。锪孔时存在的主要问题是由于刀具振动而使所锪孔口的端面或锥面产生振痕,使用麻花钻改制锪钻,振痕尤为严重。为了避免这种现象,在锪孔时应注意以下几点:

(1) 锪孔时的切削速度应比钻孔低,一般为钻孔切削速度的 1/3~1/2。同时,由于锪孔时的轴向抗力较小,所以手动进给压力不宜过大,并要均匀。精锪时,往往采用钻床停车后主轴惯性来锪孔,以减少振动而获得光滑表面。

(2) 锪孔时,由于锪孔的切削面积小,标准锪钻的切削刃数目多,切削较平稳,所以进给量为钻孔的 2~3 倍。

(3) 尽量选用较短的钻头来改磨锪钻,并注意修磨前刀面,减小前角,以防止扎刀和振动。用麻花钻改磨锪钻,刃磨时,要保证两切削刃高低一致、角度对称,保持切削平稳。后角和外缘处前角要适当减小,选用较小后角,防止出现多角形,以减少振动、扎刀;同时在砂轮上修磨后再用油石修光,使切削均匀平稳,减少加工时的振动。

(4) 锪钻的刀杆和刀片,配合要合适、装夹要牢固、导向要可靠、工件要压紧,锪孔时不应发生振动。

(5) 要先调整好工件的螺栓通孔与锪钻的同轴度,再将工件夹紧。调整时,可旋转主轴做试钻,使工件能自然定位。工件夹紧要稳固,以减少振动。

(6) 为控制锪孔深度,在锪孔前可用钻床上的深度标尺和定位螺母,做好调整定位工作。

(7) 当锪孔表面出现多角形振纹等情况时,应立即停止加工,并找出钻头刃磨等问题,及时修正。

(8) 锪钢件时,因切削热量大,要在导柱和切削表面加润滑油。

三、扩孔、锪孔技术要点

(1) 用扩孔钻,并开始扩孔加工。

导柱插入钻孔中,主切削刃与工件接触,调整好尺寸,低速锪孔如图 5-15 (a) 所示,孔深测量如图 5-15 (b) 所示。

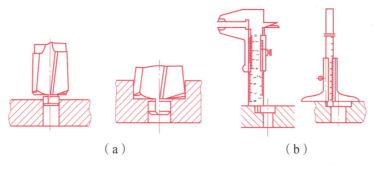

图 5-15 低速锪孔和孔深测量

（a）低速锪孔；（b）孔深测量

> ◇提示
> ①先用小钻头（3~5 mm）钻出中心孔，然后用所要求的钻头扩孔。
> ②便于钻孔找正中心。
> ③扩孔钻的横刃不必修磨。

（2）用锪钻锪孔。

用锪钻锪孔转速要低，否则加工面会产生振痕。必要时可停止转动，使用钻床的惯性来进行锪孔，以提高锪孔表面的粗糙度。

检验时，一般可用沉头螺钉进行锥面深度的测量，如图 5-16 所示。

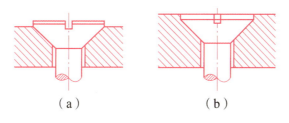

图 5-16 锥面深度的测量

（a）不合格；（b）合格

小　　结

通过对本课题的学习，要求了解扩孔、锪孔的特点，掌握扩孔、锪孔的技术要点。学会刃磨扩孔工具，对孔进行半精加工；理解钳工安全文明生产知识并在今后的实训中严格执行。

课题四　铰　　孔

用铰刀从工件孔壁上切除微量金属层，以获得较高尺寸精度和较小粗糙度值的方法称为铰孔。铰刀的种类很多，有手用整体圆柱铰刀、机用整体圆柱铰刀、手用可调节铰刀、螺旋槽铰刀和锥度铰刀等。钳工操作主要是手用铰刀。孔径大的孔，所需的切削力也较大，一般采用机用铰刀，大批量生产也采用机用铰刀。

铰刀是精度较高的定尺寸多刃工具，由于铰刀的刀齿数量较多、切削余量小、切削阻力较小、导向性好、加工精度高，常用于孔的精加工和半精加工，主要为了提高孔的加工精度，降低表面粗糙度。一般铰刀的尺寸精度可达 IT9~IT7，表面粗糙度 Ra 可达 3.2~0.8 μm。

一、铰刀

1. 铰刀的组成

铰刀结构大部分由工作部分及柄部组成。柄部是用于被夹具夹持和传递扭矩，有直柄和锥柄之分。工作部分由引导、切削、修光和倒锥四部分组成，主要起切削和校准功能，校准处直径有倒锥。引导部分可引导铰刀头部进入孔内，其导向角一般为 45°。切削部分担负切去铰孔余量的任务。修光部分有棱边，起定向、修光孔壁、保证铰刀直径和便于测量等作用。倒锥部分是为了减小铰刀和孔壁的摩擦。一般情况下铰刀前角为 0°、后角为 6°~8°、主偏角为 12°~15°。根据工件材料不同，铰刀几何角度也不完全一样，其角度由制造时成形。铰刀齿数一般为 4~8 齿，为测量直径方便，多采用偶数齿，如图 5-17 所示。

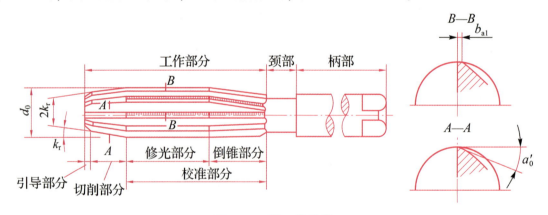

图 5-17 铰刀的结构

2. 铰刀的分类

铰刀工作时最容易磨损的部位是切削部分与修光部分的过渡处。按使用场合可分为机用铰刀和手用铰刀。机用铰刀又分为直柄机用铰刀和锥柄机用铰刀。按铰孔的形状分为圆柱形铰刀、圆锥形铰刀和阶梯形铰刀三种；按装夹方法分为带柄式铰刀和套装式铰刀两种；按齿槽的形状分为直槽铰刀和螺旋槽铰刀两种，如图 5-18 所示。

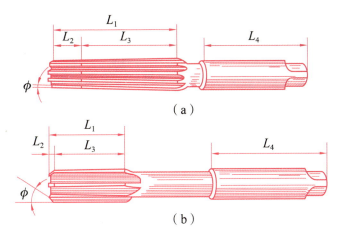

图 5-18 铰刀的种类

（a）手用铰刀；（b）机用铰刀

L_1—工作部分；L_2—切削部分；L_3—修光部分；L_4—柄部

3. 铰削用量的选择

1）铰削余量

铰削余量是指上道工序（钻孔或扩孔）完成后留下的直径方向的加工余量。铰削余量不宜过大，因为铰削余量过大，会使刀齿切削负荷增大，变形增大，切削热增加，被加工表面呈撕裂状态，致使尺寸精度降低，表面粗糙度值增大，同时加剧铰刀磨损。铰削余量也不宜太小，否则，上道工序的残留变形难以纠正，原有刀痕不能除去，铰削质量达不到要求。

选择铰削余量时，应考虑孔径大小、材料软硬、尺寸精度、表面粗糙度要求及铰刀类型等诸因素的综合影响。

2）机铰切削速度

为了得到较小的表面粗糙度值，必须避免产生积屑瘤，减少切削热及变形，因而应采取较小的切削速度。用高速钢铰刀铰钢件时，$v_c=4\sim 8$ m/min；铰铸铁件时，$v_c=6\sim 8$ m/min；铰铜件时，$v_c=8\sim 12$ m/min。

3）机铰进给量

进给量要适当，过大铰刀磨损，也影响加工质量；过小则很难切下金属，材料挤压使其产生塑料性变形和表面硬化，最后形成刀刃撕去大片切屑，使表面粗糙度增大，并加快铰刀磨损。铰钢件、铸铁件时，$f=0.5\sim 1$ m/r；铰铜铝件时，$f=1\sim 1.2$ m/r。

4）铰孔时的冷却润滑

铰削的切屑细碎且易黏附在刀刃上，甚至挤在孔壁与铰刀之间，而刮伤表面、扩大孔径。铰削时必须用适当的切削液冲掉切屑，减少摩擦，并降低工件和铰刀温度，防止产生积屑瘤。铰孔时的切削液选用如表 5-5 所示。

表 5-5　铰孔时的切削液选用

加工材料	切削液
钢	10%~20%乳化液；铰孔要求高时，采用 30%菜油加 70%肥皂水；铰孔要求更高时，可采用柴油、猪油、茶油等
铸铁	煤油（但会引起孔径缩小，最大收缩量 0.02~0.04 mm）；低浓度乳化液（也可不用）
铝	煤油
铜	5%~8%乳化液

铰孔的注意事项：

（1）在手铰起铰时，可用右手通过铰孔轴线施加进刀压力，左手转动铰杠。正常铰孔时，两手要用力均匀、平稳地旋转。不得使铰刀摇摆，不得施加侧向压力，以保证铰刀正确铰进，孔壁获得较小的表面粗糙度，并避免孔口成喇叭形或将孔径扩大。

（2）用铰刀铰孔或退出铰刀时，铰刀均不反转，以防止切屑嵌入刀具后刀面与孔壁间，将孔壁划伤。

（3）铰刀排屑性能很差，所以要经常取出清屑，以免铰刀被卡住。

（4）机铰时应使工件一次装夹进行钻、铰工作，以保证铰刀中心线与底孔中心线一致。铰孔完毕后，应先退刀再停车，以防孔壁被拉出痕迹。

（5）工件要夹正、夹紧，尽可能使被铰孔的轴线处于水平或垂直位置。

（6）对薄壁零件的夹紧力不宜过大，以免将孔夹扁，使孔变成椭圆形。

（7）铰刀是精加工刀具，要保护好切削刃，避免碰撞。切削刃上如有毛刺或切屑黏附，可用油石小心地磨去。铰刀使用完毕后，要擦拭干净，涂上机油，放置时要注意保护好切削刃，以防与其他硬物碰撞而受到损伤。

二、铰孔的方法

（1）要选择合适的铰削用量、切削速度和进给量。

（2）在机铰起铰时，必须保证钻床主轴、铰刀和工件孔三者之间的同轴度要求。对于高精度孔，必要时采用浮动铰刀夹头来装夹铰刀，如图 5-19（a）所示。

（3）开始铰削时先采用手动进给，正常切削后改用自动进给。

（4）在铰不通孔时，应经常退刀清除切屑，防止切屑拉伤孔壁；铰通孔时，铰刀校准部分不能全部出头，以免将孔口处刮坏，退刀时困难，影响工件加工质量，如图 5-19（b）所示。

（5）在铰削过程中，必须注入足够的切削液，以清除切屑和降低切削温度。

（6）铰尺寸较小的圆锥孔时，可先按锥销小端直径并留精铰余量后钻出底孔，然后用锥铰刀铰削即可，如图 5-19（c）所示。对于尺寸和深度较大的锥孔，铰孔前应先钻出阶梯孔，然后再用铰刀铰削。铰削过程中要经常用相配的锥销来检查孔的尺寸，一般锥销插入深度控制在80%。

（7）在加工过程中，按工件材质、铰孔精度要求合理选用切削液。

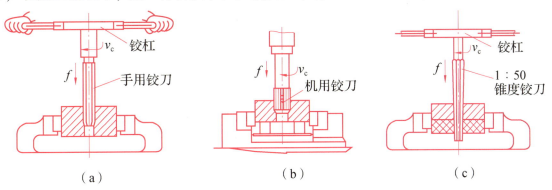

图 5-19 铰孔的方法

(a) 手铰圆柱孔（在台虎钳上）；(b) 机铰圆柱孔（在钻床上）；(c) 手铰圆锥孔（在台虎钳上）

三、铰孔的操作步骤

（1）划线。划出所要加工孔的位置线，要求划线基准与设计基准重合，并一次完成划线。

（2）工件装夹。将工件放入钳口，使划线表面朝上。用机用台虎钳装夹工件，要求工件上平面与钻床的主轴轴线垂直。

（3）钻、扩、锪孔。先用钻头找正钻孔，再用扩孔钻扩孔。最后用锪钻进行锪孔。钻孔后，在不改变钻头与机床主轴相互位置的情况下，应立即换上扩孔钻进行扩孔，使钻头与扩孔钻的中心重合，以保证加工质量。

（4）铰孔。先进行孔口倒角，将工件装夹在台虎钳上，用铰杠夹持铰刀柄部，按铰孔操作方法铰孔。

四、铰孔质量分析

在铰孔加工过程中，经常出现孔径超差、内孔表面粗糙度值高等诸多问题，这与铰刀质量、铰削用量、切削液的选择、操作方法等都有关系，如表 5-6 所示。

表 5-6 铰孔中易产生的问题及原因

序号	易产生的问题	原因
1	孔径增大，误差大	铰刀外径尺寸设计值偏大或铰刀刃口有毛刺；切削速度过高；进给量不当或加工余量过大；铰刀主偏角过大；铰刀弯曲；铰刀刃口上黏附着切屑瘤；刃磨时铰刀刃口摆差超差；切削液选择不合适；安装铰刀时锥柄表面油污未擦干净或锥面有磕碰伤；锥柄的扁尾偏位装入机床主轴后锥柄圆锥干涉；主轴弯曲或主轴轴承过松或损坏；铰刀浮动不灵活；铰刀与工件不同轴；手铰孔时两手用力不均匀，使铰刀左右晃动

续表

序号	易产生的问题	原因
2	孔径缩小	铰刀外径尺寸设计值偏小；切削速度过低；进给量过大；铰刀主偏角过小；切削液选择不合适；刃磨时铰刀磨损部分未磨掉，弹性恢复使孔径缩小；铰钢件时，余量太大或铰刀不锋利，易产生弹性恢复，使孔径缩小；内孔不圆，孔径不合格
3	铰出的内孔不圆	铰刀过长，刚性不足，铰削时产生振动；铰刀主偏角过小；铰刀刃带窄；铰孔余量偏小；内孔表面有缺口、交叉孔；孔表面有砂眼、气孔；主轴轴承松动，无导向套，或铰刀与导向套配合间隙过大；由于薄壁工件装夹过紧，卸下后工件变形
4	孔内表面有棱面	铰孔余量过大；铰刀切削部分后角过大；铰刀刃带过宽；工件表面有气孔、砂眼；主轴摆差过大
5	内孔表面粗糙度值高	切削速度过高；切削液选择不合适；铰刀主偏角过大，铰刀刃口不在同一圆周上；铰孔余量太大；铰孔余量不均匀或太小，局部表面未铰到；铰刀切削部分摆差超差、刃口不锋利，表面粗糙；铰刀刃带过宽；铰孔时排屑不畅；铰刀过度磨损；铰刀碰伤，刃口留有毛刺或崩刃；刃口有积屑瘤；由于材料关系，不适用于零度前角或负前角铰刀

◇提示

铰刀铰孔或退出铰刀时，铰刀均不能反转，以防刃口磨钝和切屑嵌入铰刀后刀面与孔壁之间，将已铰的孔壁划伤和崩裂刀刃。

小　　结

通过对本课题的学习，要求了解铰刀结构、铰削用量及切削液的选择原则。学会铰孔操作要领，能使用铰刀进行孔的精加工；理解钳工安全文明生产知识并在今后的工作中严格执行，能完成中等难度的孔加工。

课题五　錾　　削

用钳工锤（手锤）敲击錾子，对金属工件进行切削加工的方法称为錾削。目前錾削工件主要用于机械加工的场合，如去除毛坯上的凸缘、毛刺、分割材料、錾削平面及油槽等，使工件达到所需要的形状和尺寸。同时通过錾削工作的锻炼，可以提高锤击的准确性，为装拆机械设备打下扎实的基础。錾削是钳工工作中一项较为重要的基本操作。

一、錾子

錾子一般用优质碳素钢（或工具钢）锻成，錾子由头部、柄部和切削部分组成，如图5-20所示。头部是手锤的敲击部分，柄部是手握部分。头部有一定的锥度，顶端略带球形，以便锤击时作用力容易通过錾子中心线，使錾子容易保持平稳。切削部分刃磨后经淬火硬化，呈楔形，其硬度可达56~62 HRC。錾身多数呈八棱形，以防止錾削时錾子转动。

錾子属于切削刀具，必须具备以下两个基本条件：一是切削部分的材料硬度要高于工件的材料硬度；二是切削部分磨成楔形，以便顺利地分割金属。

1. 錾子的种类与用途

根据錾子刃口的不同，錾子可分为扁錾、尖錾、油槽錾三种，其结构特点与用途如表5-7所示。

表5-7 錾子的结构特点与用途

名称	外观	特点与用途
扁錾		切削部分（切削刃）扁平，用于去除凸缘、毛边和分割材料
尖錾		切削刃较短，切削部分的两个侧面从切削刃起向柄部逐渐变狭窄，用于錾削沟槽和分割曲线板料
油槽錾		切削刃呈圆弧形或菱形，切削部分常做成弯曲形状，用于錾削润滑油槽

2. 錾子的切削原理

錾子实物图如图5-20所示。錾子切削部分由前刀面（与切屑相对应的刀面）、后刀面（与加工面相对应的刀面）以及它们的交线形成的切削刃组成。錾削时形成的切削角度有前角、后角和楔角，三者之和为90°，即基面垂直于切削平面，如图5-21所示。

1）前角 γ_0

錾削时的前角是錾子前刀面与基面（通过錾切削刃上任意一点，并垂直于该点切削速度方向的平面）之间的夹角。其作用是减少錾切时切屑变形，使切削省力。前角越大，切削越省力。

2）后角 α_0

錾削时的后角是錾子后刀面与切削面（通过錾切削刃上任意一点与工件表面相切的平面）之间的夹角。它的大小取决于錾子被掌握的方向，其作用是减少錾子后刀面与切削表面之间的摩擦，引导錾子顺利錾切。

一般錾切时后角取 5°~8°，后角太大会使錾子切入过深，錾切困难；后角太小易造成錾子滑出工件表面不能切入。

图 5-20 錾子

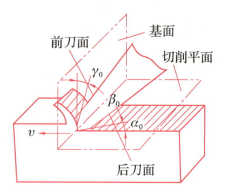

图 5-21 錾子切削时的几何角度

3）楔角 β_0

楔角是錾子前刀面与后刀面之间的夹角。楔角的大小对錾削有直接影响，一般楔角越小，錾削越省力。但楔角过小，会造成刃口薄弱，容易崩损；而楔角过大时，錾削费力，錾切表面也不易平整。通常根据工件材料软硬不同，选取不同的楔角数值，如表 5-8 所示。

表 5-8 楔角数值

工件材料	楔角 β_0	工件材料	楔角 β_0
硬钢、硬铸铁等	60°~70°	铜合金	45°~60°
钢、软铸铁	50°~60°	铅、铝、锌、铜	35°~50°

3. 錾子的刃磨要求

1）扁錾的刃磨要求

錾切削刃应与錾子的中心线垂直；两刀面平整且对称；楔角大小适宜。

2）尖錾的刃磨要求

扁錾的刃磨要求同样适用于尖錾；錾切削刃的宽度应根据槽宽尺寸刃磨；两侧面的宽度应从切削刃起，向柄部逐渐变窄，形成 1°~3° 的副偏角，以免錾槽时卡住。

4. 錾子的刃磨要求

（1）刃磨錾子时，操作者站在砂轮机左侧，应用右手大拇指和食指捏住錾子前端，左手拿稳錾身（若站在砂轮机右侧，应交换两手位置）。

（2）双手握住錾子，在旋转着的砂轮机的轮缘上进行刃磨。

（3）刃磨时必须使切削刃高于砂轮机水平中心线，在砂轮全宽上做左右移动，并要控制錾子的方向、位置，保证磨出所需的楔角。

（4）刃磨时加在錾子上的压力不宜过大，左右移动要平稳、均匀，并要经常蘸水冷却，以防退火。

二、錾削工具及技术要点

1. 手锤

錾削是利用手锤的打击力而使錾子切入工件的。手锤是錾削工作中重要的工具，由锤头、锤柄和楔子等组成，如图5-22所示。

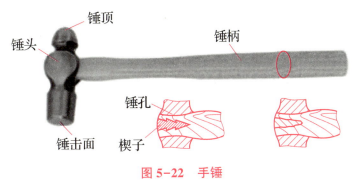

图5-22 手锤

手锤的规格用质量大小表示，有0.25 kg、0.5 kg和1 kg等几种。锤头用T7钢制成，锤柄由比较坚固的木材制成，将锤柄敲进锤头孔后再打入带倒刺的铁楔子，则锤头不易松动，可防止锤击时因锤头脱落而造成事故。

2. 錾削姿势

錾削姿势包括手锤的握法、錾子的握法、挥锤的方法和站立姿势，如表5-9所示。

表5-9 錾削姿势

内容		操作说明	图解
手锤的握法	紧握法	用右手紧握锤柄，大拇指合在食指上，锤柄尾部离手15~30 mm，在挥锤和锤击的过程中，五指始终紧握	
	松握法	只有大拇指和食指始终紧握锤柄。挥锤时，小指、无名指、中指依次放松；锤击时，又以相反的次序收拢握紧。此法不易疲劳，且锤击力大	

149

续表

内容		操作说明	图解
錾子的握法	正握法	腕部伸直，用中指、无名指紧握錾子，錾子头部伸出约 20 mm	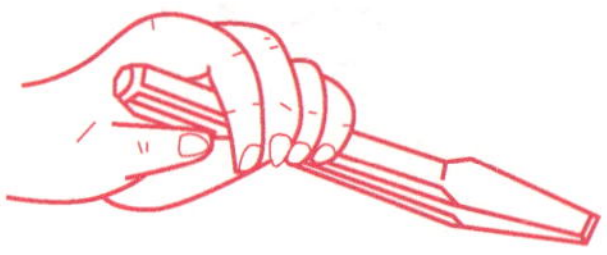
	反握法	手指自然捏住錾子，手掌悬空	
挥锤的方法	腕挥	只用手腕运动，锤击力小，一般用于錾削的始末	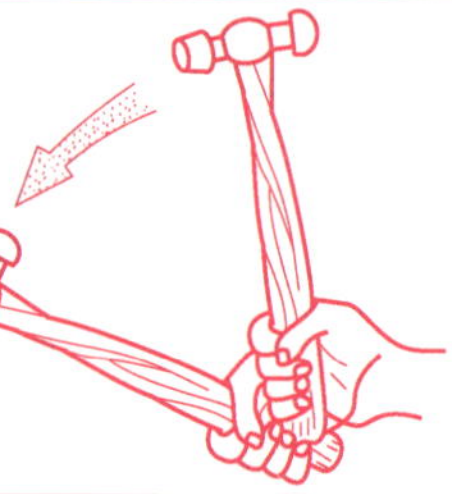
	肘挥	用手腕和手肘一起挥锤。肘挥锤击力较大，应用最为广泛	
	臂挥	用手腕、手肘、全臂一起挥锤，其锤击力最大，用于需要大力錾削的工作场合	
站立姿势		为发挥较大的锤击力度，操作者必须保持正确的站立位置，要求左脚超前半步，两腿自然站立，人体重心稍微偏于后脚，视线要落在工件的錾削部位	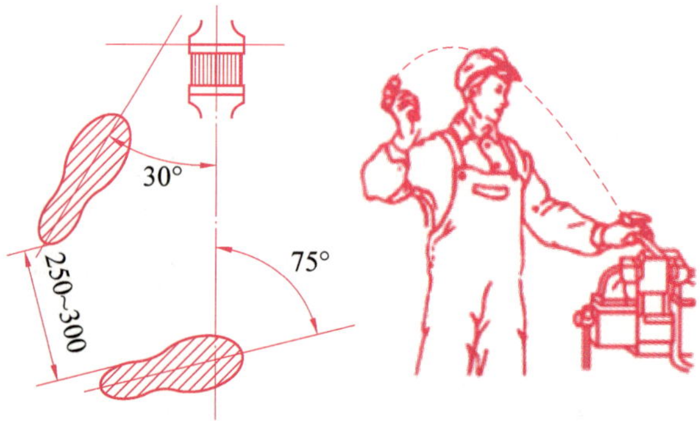

3. 錾削方法

錾削平面时每次錾削余量一般为 0.5~2 mm。应从工件的侧面夹角处轻轻起錾，先使切削刃抵紧起錾部位，然后把錾子头部向下倾斜至与工件端面基本垂直再轻敲錾子，如图 5-23 所示。当錾削离尽头 10~15 mm 时，必须调头錾去余下部分，以免造成工件塌角。

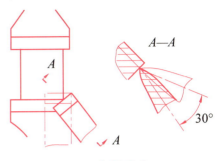

图 5-23 起錾方法

4. 錾削的质量问题与原因

錾削的常见质量问题与原因如表 5-10 所示。

表 5-10 錾削的常见质量问题与原因

常见质量问题	原因
工件塌角	起錾量太大； 錾削到工件尽头时未及时调头
尺寸超差	起錾尺寸不准或尺寸检查不及时； 工件装夹不牢，錾削时出现松动
表面不平	錾子刃口崩裂或卷刃；锤击力不均匀，錾削时后角太大或变化不定
表面有梗痕	錾子刃口倾斜，造成一角切入过深； 錾子刃磨时产生中凹

◇**安全提示**◇

（1）錾削时要将工件夹在台虎钳的钳口中央，并找正夹紧。

（2）錾削时要准确，锤击力要大。

（3）手握錾子时以不击飞錾子为原则，适当握紧即可，以免振伤手腕和虎口。

小 结

通过对本课题的学习，要了解錾削工具及技术要点，并能对加工质量进行分析。学会刃磨錾子，学会使用錾削工具对工件进行修整加工，熟悉台钻、砂轮机等设备的使用方法；理解钳工安全文明生产知识并在今后的实测中严格执行，能完成相关工件的加工。

阶段性实训　工字形锉配件的加工

一、任务分析

如图 5-24 所示，要求使用手锯、锉刀、钻头、千分尺等工量刃具，用两块 80 mm×

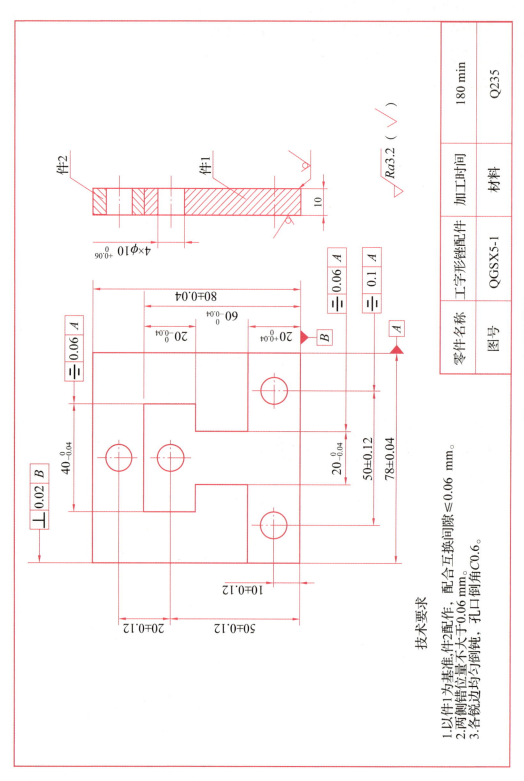

图5-24 工字形锉配件

62 mm×10 mm 的板料加工工字形锉配件，通过锉削加工、排孔去料、钻孔、扩孔，结合锉配和测量，使工字形锉配件的各项尺寸达到要求。

（1）（78±0.04）mm 是件 1 的外形尺寸；

（2）（80±0.04）mm 是两件配合后的配合尺寸；

（3）$40_{-0.04}^{0}$ mm、$20_{-0.04}^{0}$ mm、$20_{0}^{+0.04}$ mm 是件 1 凸形头部尺寸；

（4）（50±0.12）mm、（10±0.12）mm、（20±0.12）mm 是各孔的位置尺寸；

（5）$\phi 10_{0}^{+0.06}$ mm 是孔的直径尺寸。

工字形锉配件是开放式配合件，需通过锯削、锉削、钻孔等方法加工完成，主要练习千分尺测量尺寸、对称度的控制和工字形锉配件以及通过钻孔、扩孔及铰孔来保证孔的精度。

本次任务的难点是工字凸台的对称度，需通过千分尺测量来间接控制，运用锉配技能来保证两配合件的互换及配合间隙。在配合中还要处理好内直角清角及外直角去毛刺等。

二、加工准备

1. 工量刃具准备

钳工锉削操作前必须先将本任务相关的工量刃具准备就绪。其中场地工量刃具准备清单如表 4-5 所示；个人工量刃具准备清单则根据任务不同有所变化，如表 5-11 所示。

表 5-11　个人工量刃具准备清单

序号	名称	规格	数量
1	游标卡尺	0~150 mm，0.02 mm	1
2	千分尺	0~25 mm，0.01 mm	1
3	千分尺	25~50 mm，0.01 mm	1
4	千分尺	50~75 mm，0.01 mm	1
5	千分尺	75~100 mm，0.01 mm	1
6	刀口形直尺	125 mm	1
7	刀口形直角尺	63 mm×100 mm	1
8	钢直尺	150 mm	1
9	塞尺	0.02~1 mm	1
10	锉刀	自定	若干
11	手锯	自定	1
12	锯条	自定	若干
13	钻头	ϕ3 mm、ϕ9.8 mm、ϕ12 mm	各一
14	划针	自定	1
15	手锤	自定	1
16	软钳口	75~100 mm	1
17	锉刀刷		1

续表

序号	名称	规格	数量
18	毛刷		1
19	计算器	函数	1

2. 材料毛坯准备

材料毛坯准备清单如表 5-12 所示。

表 5-12 材料毛坯准备清单

材料名称	规格	数量
Q235	80 mm×62 mm×10 mm	2 块/人

3. 坯料尺寸图（见图 5-25）

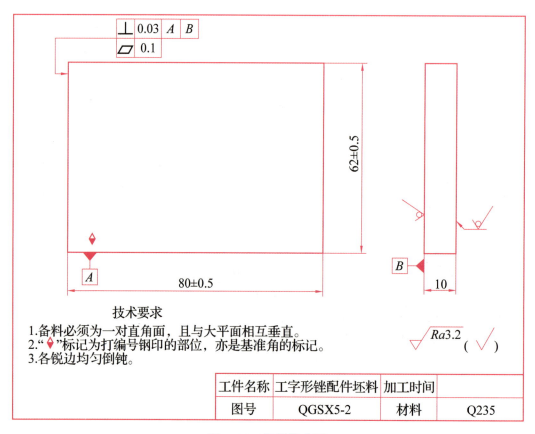

技术要求
1. 备料必须为一对直角面，且与大平面相互垂直。
2. "◆"标记为打编号钢印的部位，亦是基准角的标记。
3. 各锐边均匀倒钝。

图 5-25 坯料尺寸图

三、任务实施

对于开放式配合件，一般先加工凸形件后加工凹形件，工字形锉配件的加工过程及目标要求如表 5-13 所示。

表 5-13　工字形锉配件的加工过程及目标要求

序号	加工过程	目标要求	作业图
1	（1）选定并修整基准角，做好标记； （2）涂上划线液，按图纸要求进行划线	（1）基准标记清晰； （2）线条误差 0.3 mm 以内； （3）保证所有加工面均有锉削余量	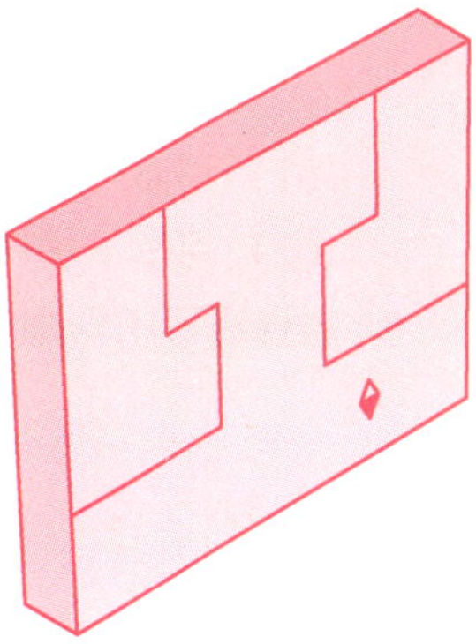
2	（1）用 ϕ3 mm 钻头钻排孔； （2）用錾子去除左侧余料（开放式直边可用锯削锯开）	（1）排孔合理，孔距均匀； （2）卸料无变形，线条清晰，各边均有锉削余量	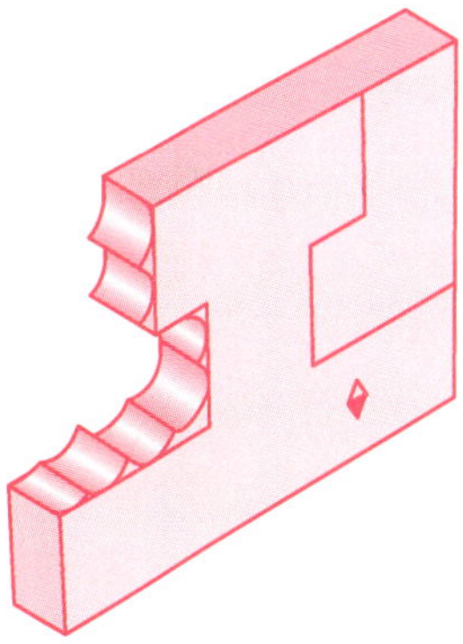
3	（1）粗锉左侧各面至线条； （2）粗、精锉外形尺寸	（1）各边留 0.3~0.5 mm 锉削余量； （2）保证外形尺寸（78±0.04）mm、60 mm	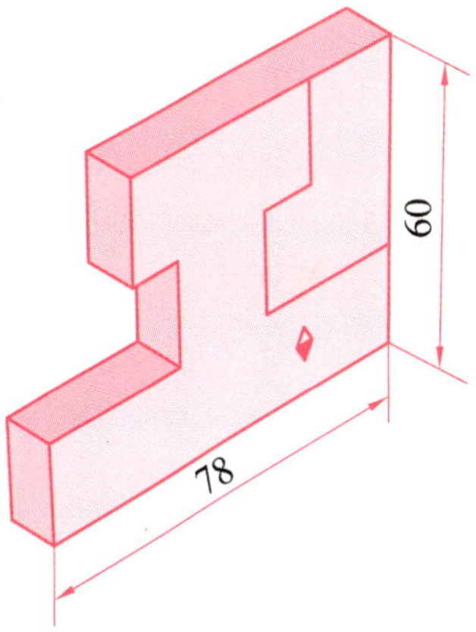
4	精锉左侧各边及槽底	（1）保证凸台尺寸 $20_{-0.04}^{0}$ mm 至要求； （2）间接测量，保证槽宽 $20_{0}^{+0.04}$ mm 至要求	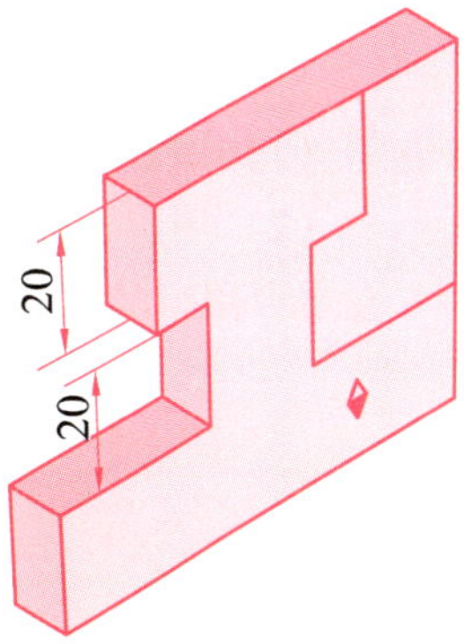

续表

序号	加工过程	目标要求	作业图
5	(1) 用 φ3 mm 钻头钻排孔； (2) 用錾子去除右侧余料（开放式直边可用锯削锯开）	(1) 排孔合理，孔距均匀； (2) 卸料无变形，线条清晰，各边均有锉削余量	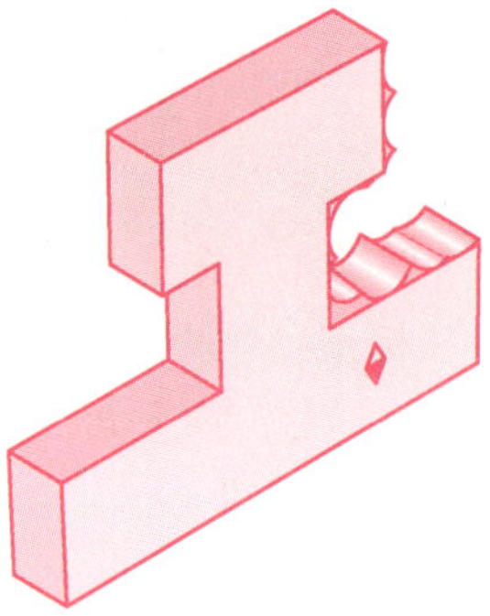
6	(1) 粗锉凸台各面至线条； (2) 精锉凸台各面及槽底	(1) 各边留 0.3～0.5 mm 锉削余量； (2) 保证 $40_{-0.04}^{0}$ mm、$20_{0}^{+0.04}$ mm 至尺寸要求（可锉至上公差，留 0.02～0.04 mm 的修整配锉余量）； (3) 保证对称度要求	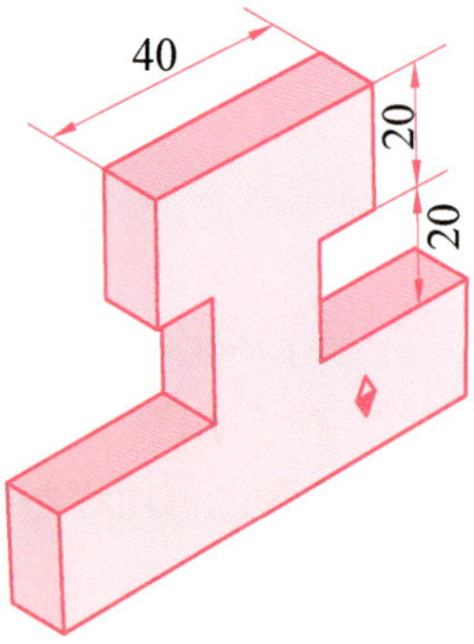
7	(1) 选定并修整基准角，做好标记； (2) 涂上划线液，按图纸要求进行划线	(1) 基准标记清晰； (2) 线条误差 0.3 mm 以内； (3) 保证所有加工面均有锉削余量	
8	(1) 用 φ3 mm 钻头钻排孔； (2) 用錾子去除余料（开放式直边可用锯削锯开）	(1) 排孔合理，孔距均匀； (2) 卸料无变形，线条清晰，各边均有锉削余量	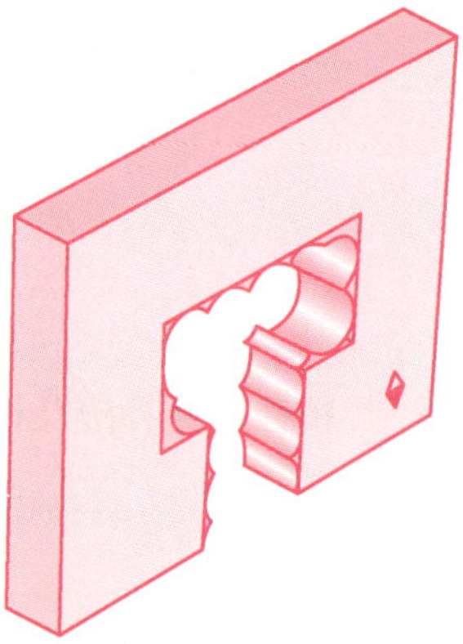

续表

序号	加工过程	目标要求	作业图
9	(1) 粗锉内腔各面至线条； (2) 精锉内腔各面，同时用凸形件进行试配（可适当修锉凸形件右侧尺寸）	(1) 各边留0.3~0.5 mm锉削余量； (2) 用凸形件进行试配，保证配合间隙和对称度要求	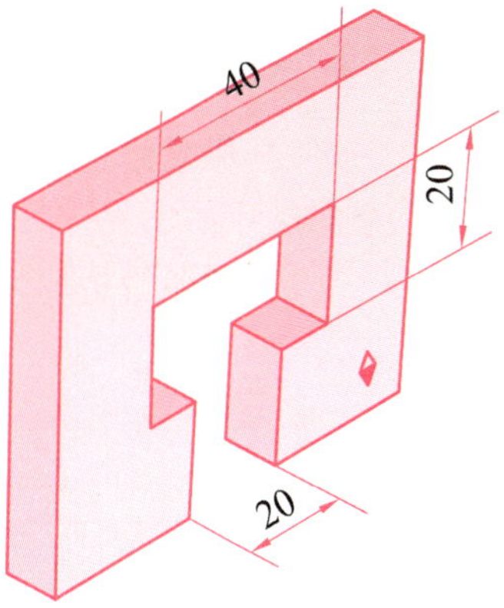
10	(1) 粗锉凹形件外形尺寸； (2) 两件配合并夹持，修整外形配合尺寸	(1) 保证配合外形尺寸（78±0.04）mm、（80±0.04）mm； (2) 达到两侧错位量要求	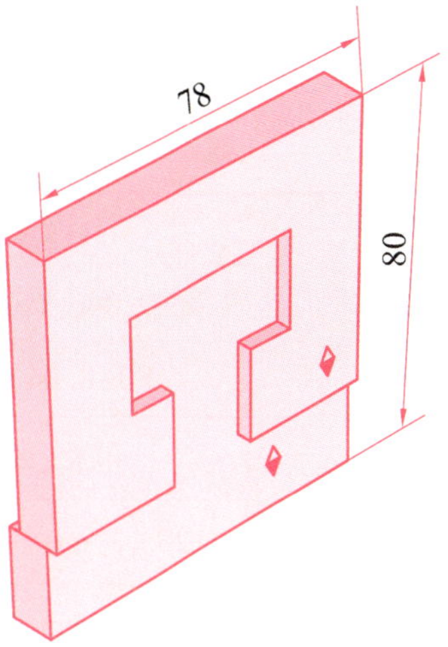
11	(1) 将两件配合，按图划好孔距线条； (2) 用 φ3 mm 钻头定心并钻孔； (3) 用 φ9.8 mm 扩孔； (4) 用 φ12 mm 钻孔进行孔口倒角	(1) 划线准确，孔中心冲点居中且明显； (2) 保证两件各孔的位置尺寸及孔径要求； (3) 孔口倒角达到要求	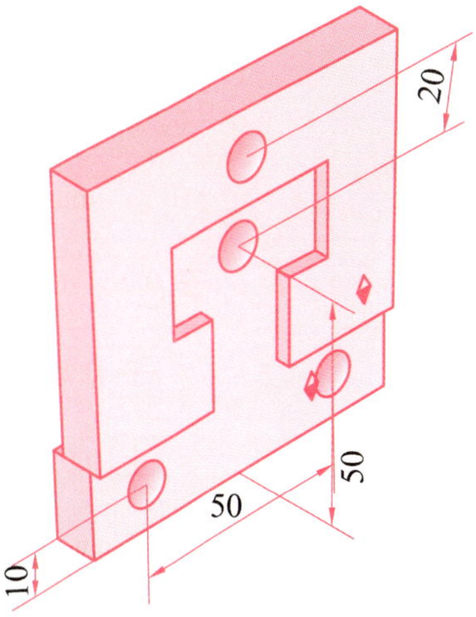

续表

序号	加工过程	目标要求	作业图
12	(1) 微量修整各加工面,复检全部尺寸; (2) 将各锐边均匀倒钝	(1) 锉纹整齐; (2) 孔口无毛刺,锐边均匀倒钝	

四、任务评价

(1) 工件质量检测评分如表 5-14 所示。

表 5-14　工件质量检测评分

序号	项目及要求	配分	检验结果	得分	备注
1	(78±0.04) mm (2 处)	8			
2	(80±0.04) mm	4			
3	$40_{-0.04}^{0}$ mm	4			
4	$20_{-0.04}^{0}$ mm (3 处)	12			
5	$20_{0}^{+0.04}$ mm (2 处)	8			
6	(50±0.12) mm (2 处)	4			
7	(10±0.12) mm (2 处)	4			
8	(20±0.12) mm	2			
9	$\phi 10_{0}^{+0.06}$ mm (4 处)	8			
10	= 0.06 A (2 处)	4			
11	= 0.10 A	4			
12	⊥ 0.02 B	2			
13	$Ra3.2\ \mu m$ (24 面)	12			
14	配合互换间隙≤0.06 mm (18 处)	18			
15	错位量不大于 0.06 mm	4			
16	锐边倒钝、孔口倒角	2			

续表

序号	项目及要求	配分	检验结果	得分	备注
17	安全文明生产		违反有关规定酌情扣 5~10 分		
	合计	100			

（2）小组学习活动评价如表 5-15 所示。

表 5-15 小组学习活动评价

评价项目	评价内容及评价分值标准			自评	互评	教师评价	平均分
	优秀 16~20 分	良好 13~15 分	继续努力 12 分以下				
分工合作	小组成员分工明确、任务分配合理	小组成员分工较明确，任务分配较合理	小组成员分工不明确，任务分配不合理				
知识掌握	概念准确，理解透彻，有自己的见解	不间断地讨论，各抒己见，思路基本清晰	讨论能够进行，但有间断，思路不清晰，对知识的理解有待进一步加强				
技能操作	能按技能目标要求规范完成每项操作任务	在教师或师傅进一步示范、指导下能完成操作任务	在教师或师傅的示范、指导下较吃力地完成每项操作任务				
总分							

五、任务小结

针对学生加工的情况进行讲评，对具有共性的问题进行分析讨论，展示优秀作品。要求学生在加工规范性上严格要求自己，遵守课堂纪律，安全文明生产。

拓展提升

一、技能强化

1. 山形镶配件

如图 5-26 所示，加工山形镶配件，检测一下自己对本任务内容的掌握程度。

2. 上模架的制作

如图 5-27 所示，加工上模架，完成各类孔的加工并检查孔的加工精度。

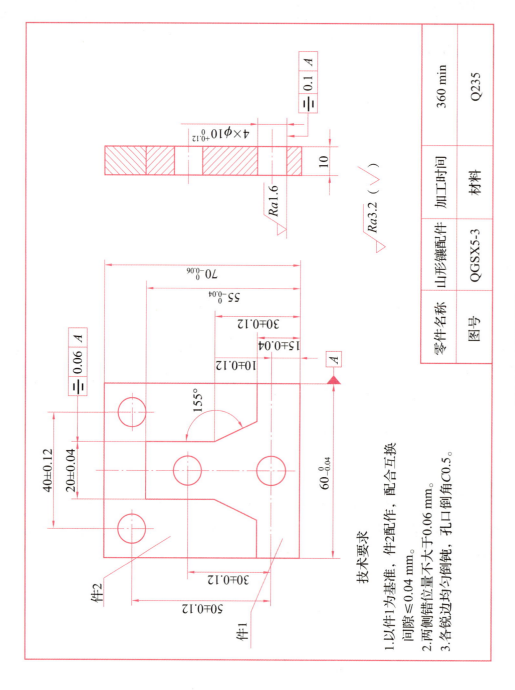

图 5-26 山形镶配件

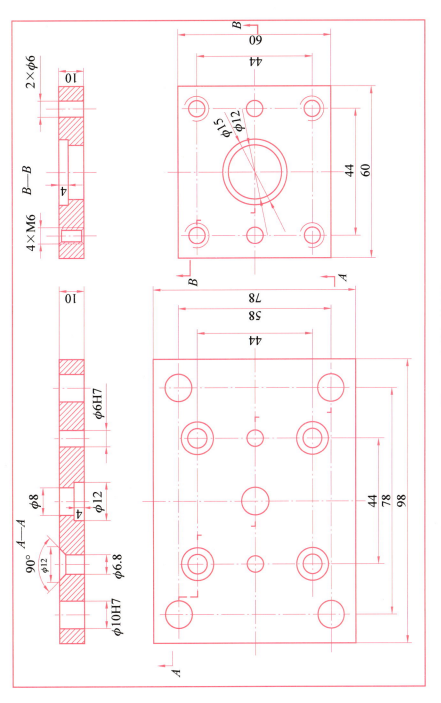

图5-27 上模架的制作

二、典型例题

1. 常用于加工大中型及多孔零件的钻床是（   ）。
   A. 台式钻床　　　　B. 摇臂钻床　　　　C. 卧式钻床　　　　D. 立式钻床

2. 下列不是钻床加工范围的是（   ）。
   A. 钻孔　　　　　　B. 扩孔　　　　　　C. 镗孔　　　　　　D. 铰孔

3. 在钢件、黄铜或纯铜上钻孔时，可用（   ）冷却。
   A. 机油　　　　　　B. 水　　　　　　　C. 煤油　　　　　　D. 黄油

4. 在钻孔中，夹紧力的作用方向应与钻头轴线的方向（   ）。
   A. 平行　　　　　　B. 垂直　　　　　　C. 倾斜　　　　　　D. 相交

5. 当钻孔快要完毕时，应将钻削量减少到原来的（   ），以避免钻头在钻穿时出现"啃刀"现象。
   A. 1/6～1/5　　　　B. 1/5～1/4　　　　C. 1/4～1/3　　　　D. 1/3～1/2

6. 爱岗敬业是对从业人员（   ）的首要要求。
   A. 工作态度　　　　B. 工作精神　　　　C. 工作能力　　　　D. 以上均可

7. （   ）不属于遵守法律法规的要求。
   A. 遵守国家法律和政策　　　　　　　　B. 遵守安全操作规程
   C. 加强劳动协作　　　　　　　　　　　D. 遵守操作程序

8. 具有高度责任心不要求做到（   ）。
   A. 方便群众，注重形象　　　　　　　　B. 责任心强，不辞辛苦
   C. 尽职尽责　　　　　　　　　　　　　D. 精益求精

9. 扁錾主要用于錾削平面、去毛刺和（   ）。
   A. 錾削沟槽　　　　　　　　　　　　　B. 分割曲线形板料
   C. 錾削曲面上的油槽　　　　　　　　　D. 分割板料

10. 用手锤打击錾子对金属工件进行切削加工，叫作（   ）
    A. 錾削　　　　　　B. 凿削　　　　　　C. 非机械加工　　　D. 去除材料

11. 錾削时应使后角为（   ），以防錾子扎入或滑出。
    A. 10°～15°　　　　B. 12°～18°　　　　C. 15°～30°　　　　D. 5°～8°

12. 为了防止刃口磨钝及切屑入刀具后面和孔壁间，将孔壁划伤，铰刀必须（   ）。
    A. 慢慢铰削　　　　B. 迅速铰削　　　　C. 正转　　　　　　D. 反转

13. 把量具量仪标尺上的每一刻线间距所代表的被测量值称为（   ）。
    A. 示值误差　　　　B. 分度值　　　　　C. 校正值　　　　　D. 被测值

14. 50～75 mm 普通外径千分尺的示值范围为（   ）mm。
    A. +0.01　　　　　B. 0.5　　　　　　　C. 25　　　　　　　D. 50

15. 零件加工后进行的测量为（　　）。

　A. 主动量法　　　　B. 被动量法　　　　C. 动态量法　　　　D. 间接测量法

16. 测量就是（　　）。

　A. 被测量的数值　　　　　　　　　　　B. 被测量与一数量比较的过程

　C. 被测量的参数与一标准量的比较过程　D. 读数的过程

17. 用千分尺测量出轴的直径再计算出其周长的方法称为（　　）。

　A. 直接量法　　　　B. 间接量法　　　　C. 不接触量法　　　　D. 相对测量法

18. 公法线千分尺用于测量（　　）。

　A. 齿轮的弦齿厚　　　　　　　　　　　B. 齿轮的公法线长度

　C. 螺纹的导程　　　　　　　　　　　　D. 螺纹的螺距

19. 千分尺微分筒转 1/2 周，则测微螺杆移动（　　）。

　A. 0.15 mm　　　　B. 0.25 mm　　　　C. 0.5 mm　　　　D. 1 mm

20. 外径千分尺的微分筒顺时针转过 8 格，则两砧面间的距离（　　）。

　A. 为 0.04mm　　　　　　　　　　　　B. 为 0.08 mm

　C. 增加了 0.08 mm　　　　　　　　　　D. 减小了 0.08 mm

21. 千分尺的测力装置（　　）。

　A. 是用来控制测量力大小的　　　　　　B. 是用于控制微分筒转动快慢的

　C. 使测微螺杆快速移动　　　　　　　　D. 只用于转动微分筒

22. 杠式内径千分尺在使用中不加接长杆可测量的尺寸范围为（　　）

　A. 30～43 mm　　　B. 40～53 mm　　　C. 50～63 mm　　　D. 60～73 mm

23. 当测量直径较大、较深的孔径时应选用（　　）。

　A. 外径千分尺　　　　　　　　　　　　B. 杠式内径千分尺

　C. 普通内径千分尺　　　　　　　　　　D. 游标卡尺

24. 深度千分尺的可换测量杆和长度规格有（　　）。

　A. 两种　　　　　　B. 三种　　　　　　C. 四种　　　　　　D. 五种

25. 深度千分尺可用来测量（　　）。

　A. 孔的直径和深度　　　　　　　　　　B. 槽口的宽度和深度

　C. 孔槽的深度　　　　　　　　　　　　D. 孔槽的表面粗糙度

26. 深度千分尺与外径千分尺比较，多了一个基座而没有（　　）。

　A. 尺架　　　　　　B. 测力装置　　　　C. 微分筒　　　　　D. 固定套筒

27. 杠杆千分尺的测量精度和灵敏度比普通千分尺（　　）。

　A 低　　　　　　　B. 相同　　　　　　C. 高　　　　　　　D. 差别不大

28. 铰孔时两手用力不均匀会使（　　）。

A. 孔径缩小　　　　B. 孔径扩大　　　　C. 孔径不变化　　　　D. 铰刀磨损

29. 下列说法错误的是（　　）。

A. 需要注出光孔深度时，应明确标注深度尺寸

B. 螺纹孔为通孔时，只注螺纹大小及精度等级

C. 对于锥形沉孔，沉孔尺寸为锥形部分尺寸

D. 锪孔时，锪平部分的深度需注出

30. 麻花钻的两个螺旋槽表面就是（　　）。

A 主后刀面　　　　B. 副后刀面　　　　C. 前刀面　　　　D. 切削平面

31. 后角刃磨正确的标准麻花钻，其横刃斜角为（　　）。

A. 20°～30°　　　　B. 30°～45°　　　　C. 50°～55°　　　　D. 55°～70°

32. 钻相交孔时，须保证它们的（　　）正确性。

A. 孔径　　　　B. 交角　　　　C. 表面粗糙度　　　　D. 孔径和交角

33. 钻孔一般属于（　　）。

A. 精加工　　　　B. 半精加工　　　　C. 粗加工　　　　D. 半精加工和精加工

34. 铰削标准直径系列的孔，主要使用（　　）铰刀。

A. 整体式圆柱　　　　B. 可调节式　　　　C. 圆锥式　　　　D. 整体或可调节式

35. 扩孔的加工质量比钻孔高，常作为孔的（　　）。

A. 精加工　　　　B. 半精加工　　　　C. 粗加工　　　　D. 半精加工和精加工

三、高考回放

1. （2015年高考）钻孔时，切削量对表面粗糙度影响最大的是（　　）。

A. 切削速度　　　　B. 进给量　　　　C. 背吃刀量　　　　D. 无影响

2. （2015年高考）钻削深孔时，需要经常退出钻头，其目的是（　　）。

A. 防止孔不圆　　　　　　　　　　B. 防止孔径过大

C. 防止孔的轴线歪斜　　　　　　　D. 排屑和散热

3. （2015年高考）台式钻床钻孔时，如需调整钻速，则（　　）。

A. 改变电动机　　　　　　　　　　B. 调整三角带松紧

C. 更换塔轮　　　　　　　　　　　D. 调整三角带的相互位置

4. （2016年高考）在操作钻床时，以下说法正确的是（　　）。

A. 当钻头上缠有长铁屑时，可以直接用刷子或铁钩将铁屑清除

B. 操作钻床时，必须佩戴手套、护目镜等防护用具

C. 钻孔过程中需要检测时，可以边钻孔边检测

D. 钻薄件或通孔时要垫上垫块，以免损伤工作台

5. （2016年高考）如铰孔速度过快，会造成（　　）。

A. 孔呈多边形　　　B. 孔中心歪斜　　　C. 孔径缩小　　　D. 孔表面粗糙

6.（2017 年高考）铰孔时导致孔径小于设计尺寸的原因可能是（　　）。

A. 切削速度快　　　　　　　　　　B. 铰刀超过磨损标准

C. 切削余量大　　　　　　　　　　D. 铰刀与孔轴线不重合

7.（2017 年高考）正确的钻削操作要领是（　　）。

A. 钻孔时为保护人身安全，必须戴手套

B. 钻孔直径大于 30 mm 时，一般要分两次钻削

C. 钻削过程中，需要吹风机对准钻削部位，以便散热

D. 钻深孔时，一定要一次钻削至深度尺寸，以避免钻头歪斜

8.（2018 年高考）下列加工方法中，不可用台式钻床来实现的是（　　）。

A. 钻孔　　　　　　B. 铰孔　　　　　　C. 锪孔　　　　　　D. 镗孔

9.（2018 年高考）用机床进行铰孔时，应保证铰刀与孔的几何公差是（　　）。

A. 平行度　　　　　B. 垂直度　　　　　C. 同轴度　　　　　D. 直线度

10.（2019 年高考）钻削加工中，不符合安全文明操作规程的是（　　）。

A. 在开车状态下使用量具对工件进行测量

B. 停车时应让主轴自然停止，严禁用手制动

C. 清除切屑时不能用嘴吹和用手拉，要用毛刷清扫

D 开动钻床前，应检查钻夹头钥匙或斜铁是否插在钻床主轴上

11.（2019 年高考）铰孔是孔的精加工方法之一，但是不能提高孔的（　　）。

A. 位置精度　　　　B. 尺寸精度　　　　C. 形状精度　　　　D. 表面粗糙度

12.（2020 年高考）标准麻花钻的钻头顶角是（　　）。

A. 110°±2°　　　　B. 118°±2°　　　　C. 125°±2°　　　　D. 130°±2°

13.（2020 年高考）下列孔的加工方法中，加工精度最高的是（　　）。

A. 钻孔　　　　　　B. 锪孔　　　　　　C. 扩孔　　　　　　D. 铰孔

14.（2020 年高考）图 5-28 所示为工件划线后进行钻孔试钻的示意图，试钻位置正确的是（　　）。

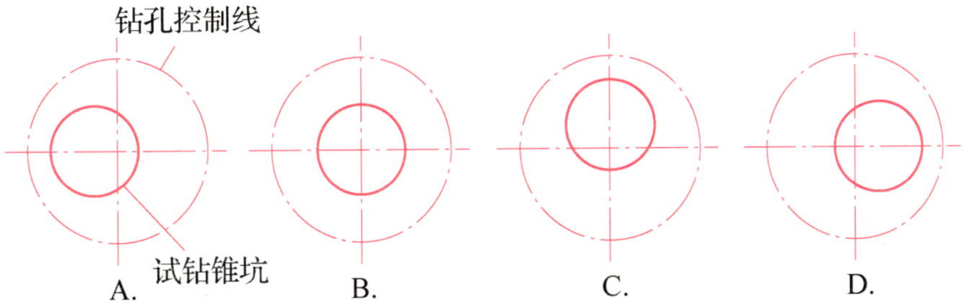

图 5-28　试钻位置

15. （2021 年高考）立式钻床钻孔过程中，符合操作规程的是（　　）。
   A. 清洁钻床　　　　B. 测量工件　　　C. 操作进给手柄　　　D. 变换主轴转速
16. （2021 年高考）手工铰孔时，操作方法正确的是（　　）。
   A. 只能顺时针转动铰刀　　　　　　　B. 只能逆时针转动铰刀
   C. 顺时针进刀、逆时针退刀　　　　　D. 顺时针转动铰刀 2 圈、逆时针转半圈
17. （2022 年高考）钻孔时，对孔表面粗糙度影响最大的切削用量是（　　）。
   A. 主轴转速　　　　B. 进给量　　　　C. 切削速度　　　　D. 背吃刀量
18. （2022 年高考）关于铰孔，下列说法正确的是（　　）。
   A. 铰孔过程中铰刀不能反转　　　　　B. 铰孔时严禁使用切削液
   C. 钻孔结束后可以直接铰孔　　　　　D. 铰孔可提高孔的位置精度
19. （2022 年高考）在已加工表面上钻孔后，清除工件表面钻屑的正确方式是（　　）。
   A. 用嘴吹掉　　　　B. 用手抹去　　　C. 用软毛刷清除　　　D. 用钢丝刷清除

模块六

攻螺纹和套螺纹

模块概述

　　螺纹的用途非常广泛，在现代的机器设备中几乎没有不用螺纹的。从飞机、汽车到我们日常生活中所使用的水管、煤气管道等使用场合中，多数螺纹起着紧固连接的作用，其次是用来做力和运动的传递，还有一些专门用途的螺纹，起着特殊的作用。螺纹连接具有结构简单、连接可靠、装拆方便等优点，是常见的一种可拆卸性的固定连接方式。螺纹加工的方法有多种，一般比较精密的螺纹都需要在车床上加工，对于小直径、一般精度要求的螺纹，通常由钳工来加工完成，在装配或机修工作中常用的加工方法是攻螺纹和套螺纹。

模块目标

知识目标

1. 了解丝锥和板牙的结构。
2. 熟悉丝锥攻螺纹和板牙套螺纹的操作方法。
3. 掌握攻螺纹前底孔直径和深度的确定方法。
4. 掌握套螺纹的操作方法和注意事项。
5. 掌握套螺纹圆杆直径的计算方法。

技能目标

学会应用丝锥攻螺纹；能分析攻螺纹操作中常出现的废品形式及产生原因。

学会应用板牙套螺纹；能分析套螺纹操作中产生废品的原因并了解其解决措施。

素养目标

具备坚韧的意志和吃苦耐劳的品质，能够在艰苦的工作环境中保持工作热情和专注。遵守操作规程，爱护工具和设备，保持工作场地的整洁和有序。

课题一　攻螺纹

使用丝锥在工件孔中切削出螺纹的加工方法称为攻螺纹。钳工常用的丝锥可分为手用丝锥和机用丝锥两种。单件小批量生产中可采用手动攻螺纹和套螺纹，大批量生产中则采用机动攻螺纹和套螺纹。

一、丝锥的种类和构造

丝锥是一种成形多刃刀具。丝锥的种类有手用丝锥、机用丝锥及管螺纹丝锥等。手用丝锥常用合金工具钢 9SiCr 制造，机用丝锥常用高速钢 W18Cr4V 制造，如图 6-1 所示。

图 6-1　丝锥种类

(a) 手用丝锥；(b) 机用丝锥；(c) 管螺纹丝锥

1. 丝锥的结构

丝锥由柄部和工作部分组成，如图 6-2（a）所示。丝锥的柄部是方榫形，用来安放铰杠，起传递扭矩的作用。工作部分由切削部分和校准部分组成。切削部分起主要的切削作用，切削部分的前角 γ_0 为 8°～10°，手用丝锥后角 α_0 为 6°～8°，机用丝锥后角 α_0 为 10°～12°。校准部分具有完整的牙型，用来修光和校准已切削出的螺纹，并引导丝锥沿轴向前进，校准部分的后角 α_0 为 0°，并有（0.05～0.12）mm/100 mm 的倒锥，以减少与螺孔的摩擦。丝锥沿轴向开有直槽或螺旋槽两种容屑槽，一般常用丝锥都制成直槽。加工通孔用的丝锥制成左旋槽，便于切屑向下排出；加工不通孔螺纹时，选用右旋槽的丝锥，切屑向上排出。

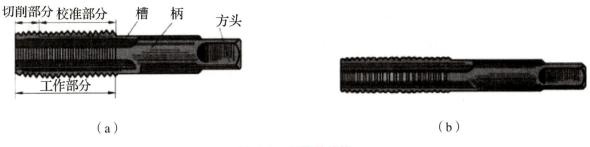

图 6-2 丝锥的结构

(a) 头攻；(b) 二攻

2. 成组丝锥

攻螺纹时，为了减小切削力和延长丝锥使用寿命，一般将整个切削工作量分配给几支丝锥来承担。通常 M6~M24 丝锥每组有两支；M6 以下及 M24 以上的丝锥每组有三支，分别称为头攻、二攻、三攻；细牙螺纹丝锥为两支一组。

丝锥按切削用量的不同分为锥形分配和柱形分配两种形式。

(1) 锥形分配（等径丝锥）：即一组丝锥中，每支丝锥的大、中、小径都相等，只是切削部分的长度及锥角不等。头攻切削部分为 5~7 个螺距；二攻切削部分为 2.5~4 个螺距；三攻切削部分为 1.5~2 个螺距，如图 6-3 所示。

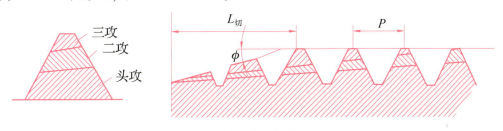

图 6-3 锥形分配

(2) 柱形分配（不等径丝锥）：即头攻、二攻的大、中、小径都比三攻小。头攻、二攻的中径一样大，大径不一样，头攻的大径最小，二攻的大径稍大（两支一组的二攻为标准值），三攻的大径为标准值，如图 6-4 所示。这种丝锥的切削用量分配比较合理，三支一组的丝锥按 6∶3∶1 分担切削用量。两支一组的丝锥按 7.5∶2.5 分担切削用量。柱形分配的丝锥，切削省力，每支丝锥磨损量差别小、寿命长，攻制的螺纹表面粗糙度值小，如图 6-4 所示。

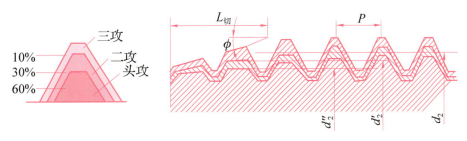

图 6-4 柱形分配

3. 丝锥的标记

由于丝锥的种类、规格较多，掌握丝锥标记所代表的内容及含义，对正确选择和使用丝锥是很必要的。粗牙普通螺纹丝锥、细牙普通螺纹丝锥及圆锥管螺纹丝锥具体标注方法如下：

（1）粗牙普通螺纹丝锥：标注代号和公称直径，如 M10，其含义为普通三角螺纹，大径为 10 mm，螺距为 1.5 mm。

（2）细牙普通螺纹丝锥：标注代号、公称直径和螺距，如 M10×1，其含义为普通三角螺纹，大径为 10 mm，螺距为 1 mm。

（3）圆锥管螺纹丝锥：标注锥度比、代号和公称直径，如 1∶16-ZG1″，其含义为 55°圆锥管螺纹，锥度比为 1∶16，公称直径为 1″，螺距为 11 牙/in[①]。

二、铰杠的种类和规格

铰杠是手动攻螺纹时用来夹持丝锥的工具。铰杠分普通铰杠和丁字形铰杠两类，每类铰杠又分为固定式和可调式两种，铰杠的规格用长度表示，如 150 mm 铰杠夹持丝锥范围是 M5～M8，如图 6-5 所示。

图 6-5　铰杠

三、攻螺纹前底孔直径与孔深的确定

1. 攻螺纹前底孔直径的确定

攻螺纹时，由于丝锥对金属层有较强的挤压作用，使攻出螺纹的小径小于底孔直径，因此攻螺纹之前底孔直径应稍大于螺纹小径。

（1）攻制钢件或塑性较大的材料时，底孔直径的计算公式为

$$D_{孔}=D-P$$

（2）攻制铸铁或塑性较小的材料时，底孔直径的计算公式为

$$D_{孔}=D-(1.05)P$$

式中　D——螺纹公称直径（mm）；

　　　P——螺距（mm）（可查表）。

当螺纹深度较大或遇合金钢时，底孔直径应比计算值略大（一般为 0.1～0.2 mm），具体底孔直径根据经验确定。

[①] 英寸，1 in＝25.4 mm。

2. 攻螺纹前底孔深度的确定

攻盲孔螺纹时，由于丝锥切削部分有锥角，端部不能攻出完整的螺纹牙型，所以钻孔深度要大于螺纹的有效长度，其底孔深度的计算公式为 $H_{深}=h_{有效}+0.7D$（D 为螺纹公称直径）。

【例 6-1】 在某钢制工件上加工通孔螺纹和盲孔螺纹，试计算底孔直径及深度，如图 6-6 所示。

解：（1）M10 通孔的螺距为 1.5 mm，则

$D_{孔}=D-P=10-1.5=8.5$（mm）。

（2）M10×1 盲孔的螺距为 1 mm，则

$D_{孔}=D-P=10-1=9$（mm）

$H_{深}=h_{有效}+0.7D=25+0.7×10=32$（mm）

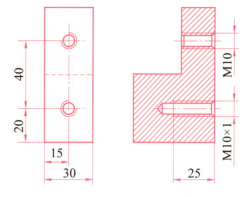

图 6-6　孔加工零件

四、攻螺纹的操作要点

（1）攻螺纹前要对底孔孔口进行倒角，且倒角处的直径应略大于螺纹公称直径，便于丝锥起攻时容易切入材料，并能防止孔口处被挤压出凸边。

（2）装夹工件时应尽量使螺孔中心线置于垂直或水平位置，便于攻螺纹时容易判断丝锥轴线是否垂直于工件的平面。

（3）起攻时，要把丝锥放正在孔口上，保证丝锥中心线与孔中心线重合。然后对丝锥加压力并转动铰杠，当丝锥切入 1~2 圈后，应及时检查并校正丝锥的垂直度，并不断校正。

（4）攻螺纹时，每扳转铰杠 1/2~1 圈，就应倒转 1/4~1/2 圈，使切屑碎断后容易排除。

（5）加工韧性材料时，要加合适的切削液。

（6）攻盲孔时，要经常退出丝锥，排出孔内切屑，否则会因切屑阻塞使丝锥折断或达不到螺纹深度要求。当工件不便翻转时，可用磁性针棒吸出切屑。

（7）用成组丝锥攻螺纹时，必须按头攻、二攻、三攻的顺序攻削至标准尺寸。攻螺纹过程中换用丝锥时，要用手先旋入已攻出的螺纹中，再用铰杠扳转丝锥。

◇**特别提示**

正常攻螺纹的过程中，两手扳转铰杠时，应在铰杠所在的平面内用力，不得有侧向压力，以免螺纹孔歪斜或使丝锥折断。

五、35 mm 台虎钳固定钳身螺纹孔攻丝

35 mm 台虎钳是钳工实习中综合训练课题之一，如图 6-7 所示。固定钳身螺纹孔为 4×M3，深 10 mm，1 个 M8 有效螺纹孔深度为 12 mm。

（1）识读 35 mm 台虎钳装配图，了解 35 mm 台虎钳固定钳身螺纹孔要求。

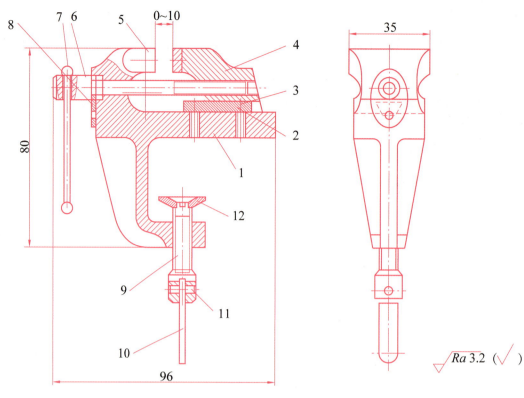

图 6-7 台虎钳装配图

1—固定钳身；2—燕尾导轨；3—沉头螺钉；4—活动钳身；5—钳口；6—丝杠；7—手柄；
8—压板及螺钉；9—螺杆；10—扳手；11—圆柱销；12—压盘

(2) 选择 4 in 或 6 in 活络扳手一把，铰杠一把，M3、M8 丝锥各一支。

(3) 固定钳身夹持在台虎钳上，被加工钳口面朝上。

(4) M3 丝锥在 10 mm 有效长度处做上记号，蘸少许煤油，并用 4 in 或 6 in 活络扳手夹住。

(5) 起攻螺纹时，单手握住活络扳手，轻轻用力，使活络扳手保持水平转动，并在转动过程中对 M3 丝锥施加垂直压力，使丝锥切入孔内 1~2 圈。

(6) 从正面和侧面检查丝锥与工件表面是否垂直。

(7) 攻螺纹时，单手握住活络扳手，正转 1~2 圈后再反转 1/4 圈，使丝锥逐渐攻入。即将攻完螺纹时，进刀要轻、要慢。

(8) 攻至 10 mm 有效长度记号处停止，缓慢退出丝锥，达到螺纹孔攻丝要求。

(9) M8 丝锥用铰杠夹住丝锥后，按图 6-8 所示方法完成螺纹加工。重复操作完成全部螺纹的加工。

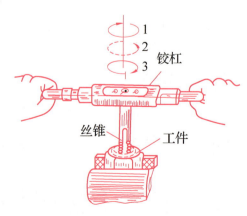

图 6-8 铰杠正反转

◇ **安全提示**

(1) 用活络扳手单手攻丝,切忌用力过猛和左右晃动;在攻丝过程中,要经常退出丝锥,清除切屑。

(2) 避免攻螺纹丝锥与底孔的中心线不重合。钻底孔与攻螺纹应一次装夹完成,钻完底孔后直接换机用丝锥攻螺纹,采用校正丝锥垂直的工具。

(3) 断丝锥的取出方法:

用振动法取出尚露出于孔口或接近孔口的断丝锥。在取断丝锥前,应先把孔中的切屑和丝锥碎屑清除干净,具体方法是用一冲子或弯尖錾子抵在丝锥的容屑槽内,顺着螺纹圆周的切线方向轻轻地正、反方向反复敲打,直到丝锥有了松动,就能顺利地取出断丝锥。也可用弹簧钢丝插入断丝锥槽中,把断丝锥旋出。其方法是在带方榫的断丝锥上旋上两个螺母,把弹簧钢丝塞进两段丝锥和螺母间的空槽内,然后用铰杠向退出方向扳动断丝锥的方榫,带动钢丝转动,便可把断丝锥旋出。

使用专门工具旋出断丝锥。由钳工按丝锥的槽形及大小制造旋出断丝锥工具。用气焊在断丝锥上焊上一个六角螺栓,然后按退出方向转动螺栓,把断丝锥旋出。将断丝锥用气焊退火,然后用钻头把断丝锥钻掉。用电脉冲加工机床将断丝锥电蚀掉或用线切割机床将断丝锥切碎。

六、螺纹检测

螺纹主要测量螺距和大、中、小径尺寸,具体测量方法有单项测量和综合测量两种。

1. 单项测量

单项测量是用量具测量螺纹的某一参数。

螺距:对于一般精度螺纹可用钢直尺和螺距规测量,如图 6-9 所示。

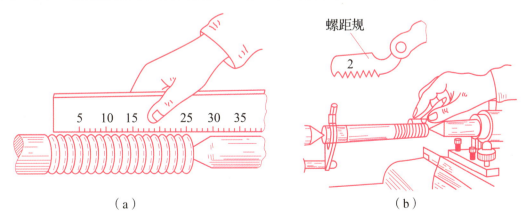

图 6-9 测量螺距

(a) 用钢直尺测量;(b) 用螺距规测量

大径、小径：由于外螺纹大径和内螺纹小径公差较大，用游标卡尺或千分尺测量即可。

中径：三角螺纹的精度不高，可以用螺纹千分尺测量，如图 6-10 所示。螺纹千分尺的读数方法与千分尺相同，不同之处在于测量头，一般配有两套（分别适用于 60°和 55°）不同螺距的测量头。测量螺纹时，根据螺距选择合适的测量头（牙型角、螺距与螺纹相同），分别插入测量杆和砧座孔内，逐渐旋紧活动套筒，当测量头正好卡在螺纹牙侧上时，螺纹千分尺的读数即为中径的尺寸。更换测量头后，必须调整砧座位置，使千分尺对准零位。

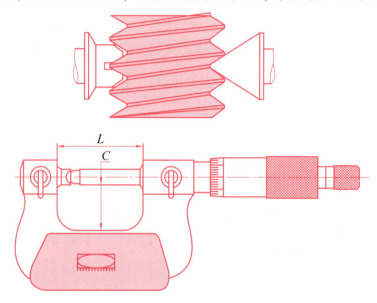

图 6-10　螺纹千分尺测量中径

2. 综合测量

对于标准螺纹，可以使用螺纹量规对螺纹的各项参数进行综合测量。综合测量操作简单、效率较高。

螺纹量规包括螺纹塞规和螺纹环规两种，分别测量内、外螺纹，如图 6-11 所示。塞规又分为通规和止规，应正确使用。当通规难以拧入时，要进行单项测量，对不合格部位修正后再用量规测量。

（a）　　　　　　　　　　　　　　（b）

图 6-11　螺纹量规

（a）螺纹塞规；（b）螺纹环规

课题二　套螺纹

使用板牙在圆柱或圆锥等表面上切削出外螺纹的方法称为套螺纹。单件小批量生产中可采用手动攻螺纹和套螺纹，大批量生产中则采用机动攻螺纹和套螺纹。

一、圆板牙

圆板牙是加工外螺纹的工具，由合金工具钢或高速钢制成并经淬火处理，一般用于切削螺纹直径小于 16 mm、螺距小于 2 mm 的三角形外螺纹。其外形像一个圆螺母，在端面上钻有几个孔（螺纹直径越大孔越多），其作用是形成圆板牙的前面、切削刃和排屑孔。圆板牙由切削部分、校准部分和排屑孔组成，如图 6-12 所示。

图 6-12　圆板牙

二、板牙架

板牙架是手工套螺纹时的辅助工具。板牙架外圆旋有 4 个紧定螺钉和 1 个调松螺钉。使用时，紧定螺钉将板牙紧固在板牙架中，并传递套螺纹的转矩，如图 6-13 所示。

图 6-13　板牙架

三、套螺纹时圆杆直径的确定

套螺纹时，金属材料应受板牙的挤压而产生变形，牙顶将被挤得高一些，所以套螺纹前圆杆直径应稍小于螺纹大径。圆杆直径的计算公式：

$$D_{杆} = D - 0.13P$$

式中　$D_{杆}$——套螺纹前圆杆直径（mm）；

　　　D——螺纹大径（mm）；

　　　P——螺距（mm）。

四、套螺纹的方法

35 mm 台虎钳丝杠经车削加工成形，套丝 M6 为普通螺纹，有效螺纹长度为 45 mm，全长不得弯曲，如图 6-14 所示。

图 6-14　35 mm 台虎钳丝杠

（1）识读 35 mm 台虎钳装配图，了解 35 mm 台虎钳丝杠的套螺纹要求。

（2）选择 M6 圆板牙一个，板牙架一把，软钳口一副，乳化液或机械油等。

（3）距图 6-14 所示丝杠右端 45 mm 长度处划出加工线。

（4）软钳口置于钳口，丝杠朝上夹持在台虎钳上。

（5）圆板牙装在板牙架上并固定，涂上乳化液或机械油。

（6）板牙开始套螺纹时，要检查校正，务必使板牙与丝杠垂直。

（7）适当加压力按顺时针方向扳动板牙架，当切入 1~2 牙后就可不加压力旋转，同攻螺纹一样要经常反转，使切屑断碎，及时排屑。

（8）圆板牙下端至 45 mm 划线处时退出板牙，注意退出板牙时不能让板牙掉下。

套螺纹的操作要点：

（1）套螺纹前应将圆杆端部倒成锥半角，为 15°~20° 的锥体。锥体的最小直径要比螺纹小径小。

（2）为了使圆板牙切入工件，要在转动圆板牙时施加轴向压力，待圆板牙切入工件后不再施压。

（3）切入 1~2 圈时，要注意检查圆板牙的端面与圆杆轴线的垂直度。

（4）套螺纹过程中，圆板牙要时常倒转一下进行断屑，并合理选用切削液。

小 结

在机械加工中,由于螺纹结构简单、使用方便,因此在单件、小批量生产和修配中,还会经常用普通丝锥攻螺纹和用板牙套螺纹。在本课题中,学会底孔和圆杆直径的计算方法,理解在螺纹加工中攻、套螺纹的方法及注意事项,较熟练掌握攻、套螺纹的实际操作技能,并达图样规定的技术要求。

阶段性实训　六角螺母的制作

一、任务分析

根据图纸(见图 6-15)分析,要求在 180 min 内制作完成六角螺母,比例 1∶1。为了保证精度,锉削加工时并不直接测量六边形的边长,而是测量两对边之间的尺寸来控制六边形的尺寸精度。如果图样标注的是边长尺寸,那么必须进行换算,得到对边尺寸。

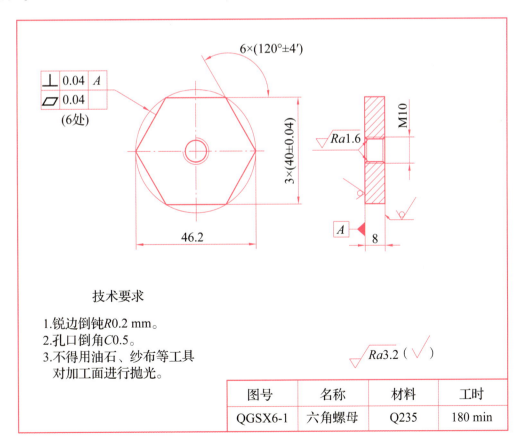

图 6-15　六角螺母

如果六边形的毛坯是直径为 D 的圆柱体,为保证后续各加工面的余量,在加工第一面时还需要算出该面与圆柱体母线间的尺寸值 M。

螺纹连接是一种可拆的固定连接,具有结构简单、连接可靠、装拆方便迅速、成本低廉等优点,因而在机械中得到普遍应用。为了达到连接紧固可靠的目的,连接时必须施加拧紧力矩,使螺纹副产生预紧力,从而使螺纹副具有一定的摩擦力矩。

二、加工准备

钳工划线操作前必须先将本任务相关的工量刃具准备就绪。在钳工操作中一般分为场地准备和个人准备,其中场地工量刃具准备清单是根据实习教学常规而准备的,准备齐全后一般不再变化,部分工具和设备由多名学生共用,如表 6-1 所示;学生的个人工量刃具准备清单则根据所学任务的不同有所变化,如表 6-2 所示。

表 6-1 场地工量刃具准备清单

序号	名称	规格	数量
1	钻床	（1）台式钻床可选用 Z512 或其他相近型号； （2）精度必须符合实训的技术要求； （3）台式钻床数量一般为每 4~6 人配备 1 台	6
2	台虎钳	（1）台虎钳可选用 200 mm 或其他相近型号； （2）台虎钳必须每人配备 1 台,且有备用	20
3	钳工工作台	（1）安装台虎钳后,钳工工作台高度应符合要求； （2）钳工工作台大小符合规定,工量具放置位置合理	20
4	砂轮机	（1）砂轮机可选用 250 mm 或其他相近型号； （2）配氧化铝、碳化硅砂轮,砂轮粗细适中	2
5	划线平板	尺寸在 300 mm×400 mm 以上,一般为每 4~6 人配备 1 块	6
6	方箱或靠铁	200 mm×200 mm×200 mm	2
7	工作台灯	使用安全电压,照明充分、分布合理	若干
8	切削液	乳化液、煤油等	若干
9	润滑油	L-AN46 全损耗系统用油	若干
10	划线液		若干

表 6-2　个人工量刃具准备清单

序号	名称	规格	数量	序号	名称	规格	数量
1	高度游标卡尺	0~300 mm	1	10	游标卡尺	0~150 mm	1
2	外径千分尺	25~50 mm	1	11	样冲		1
3	壁厚千分尺	0~25 mm	1	12	划针		1
4	万能角度尺	0°~320°	1	13	手锤		1
5	刀口尺形直角尺	100 mm×63 mm	1	14	锯弓（带锯条若干）		1
6	钢直尺	0~150 mm	1	15	锉刀刷		1
7	V 形铁		1	16	软钳口		1 副
8	划规		1	17	直柄麻花钻	φ3 mm	1
9	平锉	350 mm（1 号纹）	1			φ8.5 mm	1
		200 mm（2 号纹）	1			φ11 mm	1
				18	丝锥	M10	1 组
		150 mm（4 号纹）	1	19	铰杠	M4~M12	1

三、任务实施

六角螺母的加工过程如表 6-3 所示。

表 6-3　六角螺母的加工过程

序号	加工过程	目标要求	作业图
1	在 φ50 mm 的圆柱体端面上，用高度尺划出中心线，确定圆心，以 23.1 mm 为半径画圆，再以 23.1 mm 为边长划出六边形	能合理使用各种划线工具，划线清晰	

续表

序号	加工过程	目标要求	作业图
2	依据划线尺寸，锯削、粗锉、精锉加工 a 面	达到平面度、垂直度、表面粗糙度要求，同时控制 a 面与正对面圆柱体母线间的距离为（43.1±0.04）mm	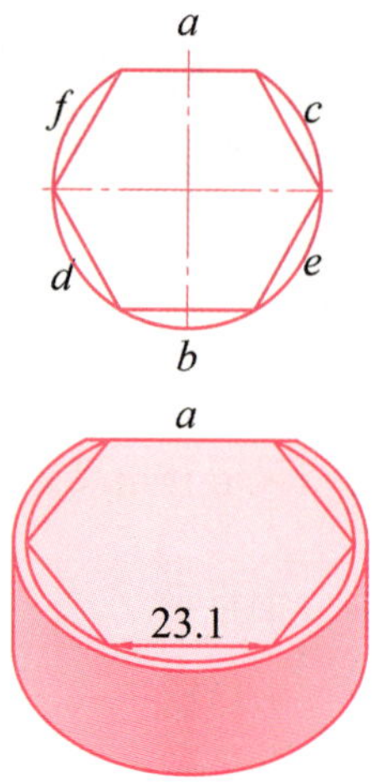
3	依据划线尺寸，锯削、粗锉、精锉加工 b 面	达到平面度、平行度、表面粗糙度和尺寸公差要求。符合 a、b 面的尺寸公差为（40±0.04）mm	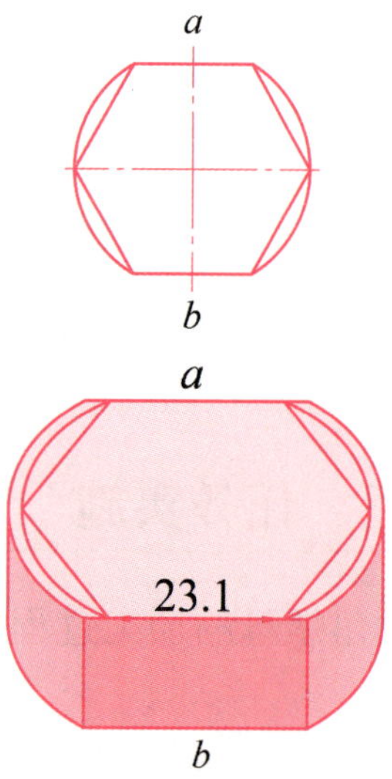
4	依据划线尺寸，锯削、粗锉、精锉加工 c 面	达到平面度、角度、表面粗糙度要求，检测 a、c 两面角度为 120°±4′，c 面与正对面圆柱体母线间的距离为（43.1±0.04）mm	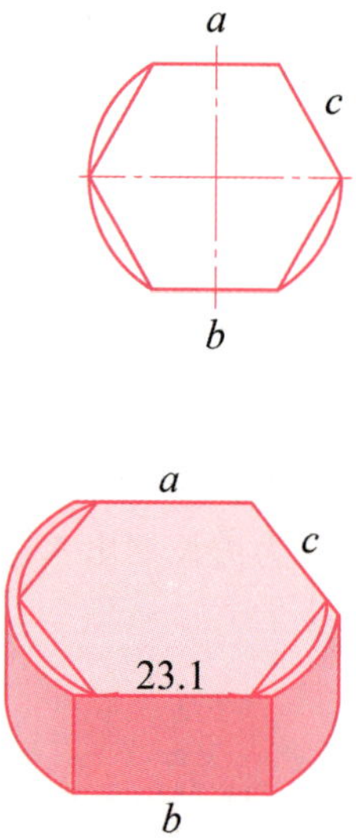

续表

序号	加工过程	目标要求	作业图
5	依据划线尺寸，锯削、粗锉、精锉加工 d 面	达到平面度、平行度、表面粗糙度要求，制作过程中注意检测 d、b 两面角度为 120°±4′，检修 c、d 两面尺寸公差为（40±0.04）mm	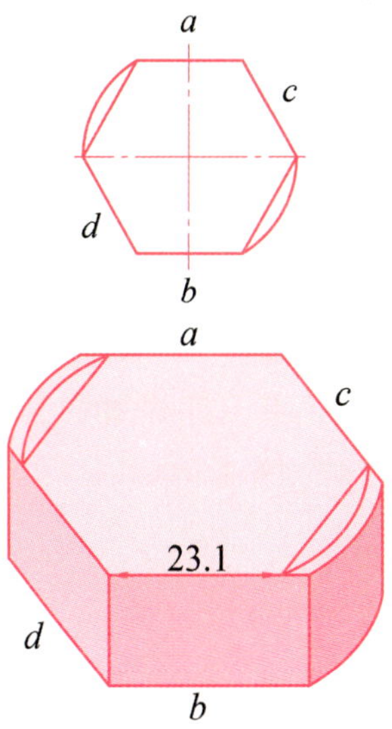
6	依据划线尺寸，锯削、粗锉、精锉加工 e 面	达到平面度、角度、表面粗糙度要求。制作过程中注意检测 e 面与 c、b 两面角度为 120°±4′，e 面与正对面圆柱体母线间的距离为（43.1±0.04）mm	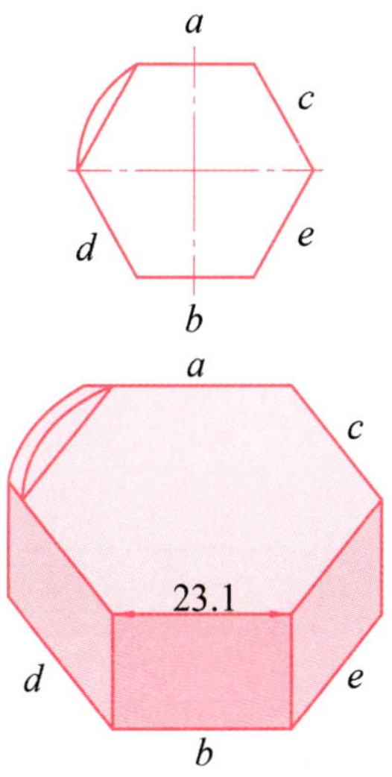
7	依据划线尺寸，锯削、粗锉、精锉加工 f 面	达到平面度、平行度、角度、表面粗糙度要求，制作过程中注意检测 e、f 面尺寸公差为（40±0.04）mm，以及 f 面与 a、d 两面的角度为 120°±4′	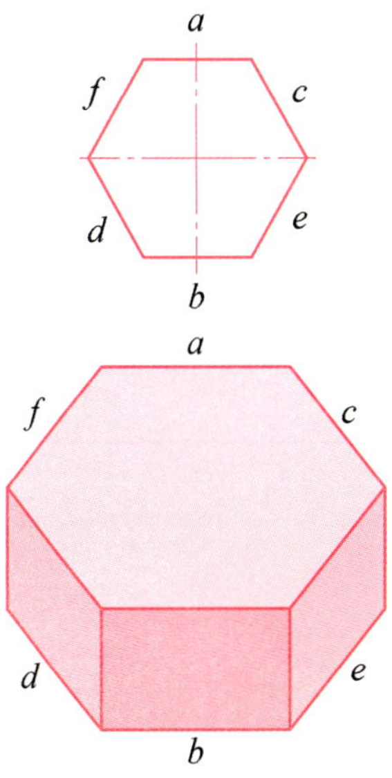

续表

序号	加工过程	目标要求	作业图
8	螺纹加工，六面体锐边倒钝，在端面上确定中心点，打样冲，钻 ϕ3 mm、ϕ8.5 mm 孔，攻 M10 螺纹	正确加工底孔，合理使用攻螺纹工具	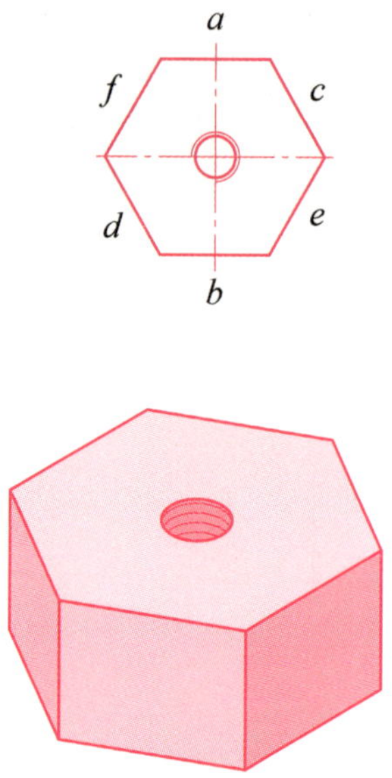
9	检测螺纹质量	使用螺纹规检测 M10 质量	

四、任务评价

（1）工件质量检测评分如表 6-4 所示。

表 6-4　工件质量检测评分

序号	项目及要求	配分	检验结果	得分	备注
1	锉六边形	20			
2	底孔计算	15			
3	钻孔技能	15			
4	攻螺纹技能	20			
5	外形修整	10			
6	使用工具正确，操作姿势正确	10			
7	安全文明生产	10			
	合计	100			

（2）小组学习活动评价如表 6-5 所示。

表 6-5　小组学习活动评价

评价项目	评价内容及评价分值标准			自评	互评	教师评价	平均分
	优秀 16~20 分	良好 13~15 分	继续努力 12 分以下				
分工合作	小组成员分工明确、任务分配合理	小组成员分工较明确，任务分配较合理	小组成员分工不明确，任务分配不合理				
知识掌握	概念准确，理解透彻，有自己的见解	不间断地讨论，各抒己见，思路基本清晰	讨论能够进行，但有间断，思路不清晰，对知识的理解有待进一步加强				
技能操作	能按技能目标要求规范完成每项操作任务	在教师或师傅进一步示范、指导下能完成操作任务	在教师或师傅的示范、指导下较吃力地完成每项操作任务				
总分							

五、任务小结

针对学生加工的情况进行讲评，对具有共性的问题进行分析讨论，展示优秀作品。要求学生在加工规范性上严格要求自己，遵守课堂纪律，安全文明生产。

拓展提升

一、技能强化

加工图 6-16 所示螺纹多孔板，巩固所学内容。

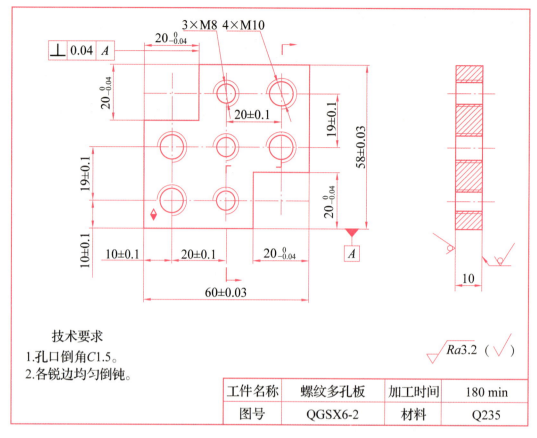

图 6-16 螺纹多孔板

二、典型例题

1. 攻螺纹前的底孔直径必须（   ）螺纹标准中规定的螺纹小径。

   A. 小于　　　　　　B. 稍大于　　　　　　C. 等于　　　　　　D. 小于或等于

2. 加工不通孔的螺纹，要使切屑向上排出，丝锥容屑槽做成（   ）槽。

   A. 左旋　　　　　　B. 右旋　　　　　　　C. 直　　　　　　　D. 斜

3. 在钢和铸铁工件上分别加工同样直径的内螺纹，钢件底孔直径比铸铁底孔直径（   ）。

   A. 大 0.1P　　　　 B. 小 0.1P　　　　　 C. 相等　　　　　　D. 大 1P

4. 套螺纹开始时，下列说法正确的是（   ）。

   A. 双手逆时针均匀旋转板牙，并施加轴向压力，当板牙切入后取消压力

   B. 双手顺时针均匀旋转板牙，并施加轴向压力，当板牙切入后应增大压力

   C. 双手顺时针均匀旋转板牙，并施加轴向压力，当板牙完全切入后取消压力

   D. 双手逆时针均匀旋转板牙，并施加轴向压力，当板牙切入后应增大压力

5. 在如图 6-17 所示的小铁锤上加工 M8 的螺纹孔，下列工具中不需要的是（   ）。

   A. 样冲　　　　　　B. 丝锥　　　　　　　C. 圆板牙　　　　　D. 钻头

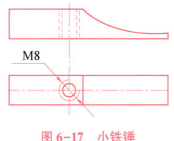

图 6-17 小铁锤

6. 套螺纹时，材料受到板牙切削刃挤压而变形，所以套螺纹前螺杆直径应（　　）板牙大径的尺寸。

A. 稍大于　　　　B. 稍小于　　　　C. 等于　　　　D. 大于或等于

三、高考回放

1.（2016 年高考）攻螺纹时，造成丝锥折断的原因是（　　）。

A. 起攻时未做垂直度检查　　　　B. 工件材料过硬或夹有硬点
C. 底孔直径太大　　　　　　　　D. 未加注切削液

2.（2016 年高考）当板牙切入材料 1~2 圈时，要及时检查并校正板牙的位置，校正的方向是（　　）。

A. 前后　　　　B. 左右　　　　C. 前后、左右　　　　D. 上下、左右

3.（2016 年高考）在钢件和铸铁件上分别加工相同直径的内螺纹，其底孔直径（　　）。

A. 相差两个螺距　　　　　　　　B. 一样大
C. 钢件比铸件稍大　　　　　　　D. 铸件比钢件稍大

4.（2018 年高考）丝锥攻入 1~2 圈后，卸下铰杠对其轴线方向进行检查，应选用的测量工具是（　　）。

A. 游标卡尺　　　　B. 直角尺　　　　C. 塞尺　　　　D. 千分尺

5.（2019 年高考）套螺纹时，圆杆直径等于（　　）。

A. 外螺纹大径+0.13P　　　　　B. 外螺纹大径-0.15P
C. 外螺纹大径+0.15P　　　　　D. 外螺纹大径-0.13P

6.（2021 年高考）下列钳工操作，需要先加工底孔，并且操作过程中经常将刀具反向转动 1/2 圈左右的是（　　）。

A. 钻孔　　　　B. 扩孔　　　　C. 套螺纹　　　　D. 攻螺纹

7.（2021 年高考）用板牙手工加工螺纹时，目测检查和校正板牙位置应该在板牙切入圆杆的圈数是（　　）。

A. 1~2　　　　B. 3~4　　　　C. 5~6　　　　D. 7~8

8.（2022 年高考）加工如图 6-18 所示四面体零件，毛坯材料为 Q235，已锯削至 61 mm×51 mm×10 mm，完成下列问题：

（1）A、B、C、D 四个面，首先加工哪一个面？

（2）螺纹孔的划线基准是哪两个面？

（3）将下列 M10 螺纹孔的加工步骤进行排序：①攻丝；②钻底孔；③划线；④倒角。

（4）M10 螺纹螺距 $P=1.5$ mm，钻底孔时，所选钻头的直径是多少？

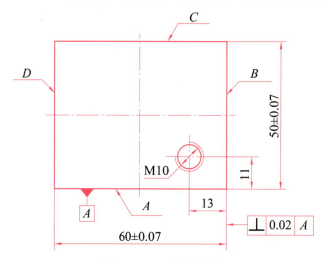

图 6-18　四面体零件

综合实训篇

综合实训是对前面知识与技能的总结提高，加深和熟练已学知识和技能在较复杂零件上的应用。锉配训练是钳工中、高级技能鉴定或考核的主要内容，对操作者的操作水平、测量技术提出了更高的要求，是钳工的重要训练项目之一。训练项目与生产实际有着密切的联系，是今后工作的基础。

实训目标

1. 掌握凹凸形件的锉配技能。
2. 熟悉锉配工艺及操作要点。
3. 掌握锉配精度的误差检验和修正的控制方法。
4. 较熟练使用量具进行准确测量。
5. 了解锉配时的注意事项。

综合实训七 凹形镶配件

一、任务分析

凹形镶配件如图 7-1 所示。

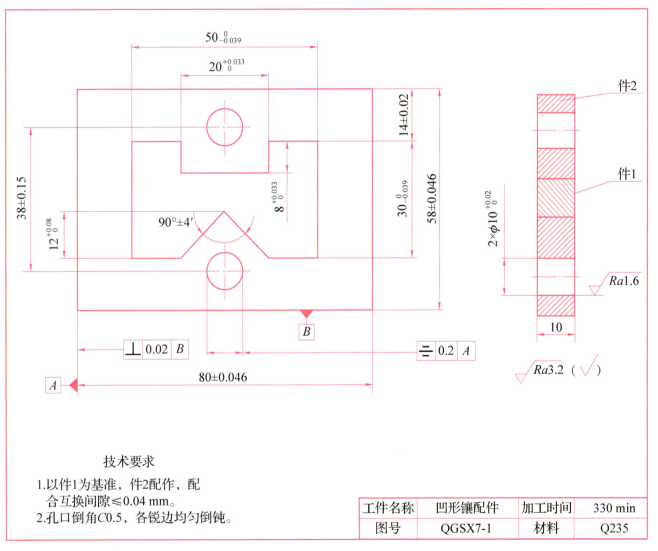

技术要求
1. 以件1为基准，件2配作，配合互换间隙≤0.04 mm。
2. 孔口倒角C0.5，各锐边均匀倒钝。

工件名称	凹形镶配件	加工时间	330 min
图号	QGSX7-1	材料	Q235

图 7-1 凹形镶配件

考核要求

根据图样 7-1 要求，使用各类工量刃具进行锉削、锯削、钻孔、铰孔等工作，完成工件的加工。

（1）$30_{-0.039}^{0}$ mm、$50_{-0.039}^{0}$ mm 是凸形件的外形尺寸；

(2) (80±0.046) mm、(58±0.046) mm 是凹形件的外形尺寸；

(3) (38±0.15) mm 是孔之间的距离，对工件中心的对称度为0.2 mm；

(4) $2\times\phi10^{+0.02}_{0}$ mm 是指两个直径为 ϕ10 mm 的通孔，内孔表面粗糙度为 Ra1.6 μm；

(5) 配合互换间隙≤0.04 mm 是指两件配合时的间隙要求。

本次任务仍是封闭式镶配件加工，重难点在于凸形件由凹形和V形组成，加工时要特别注意的是凸形件的对称度的保证；凹形件加工时排料比较困难，通过排孔法去料，钻削排孔精度较高。

二、加工准备

工量刃具清单如表7-1所示。

表7-1 工量刃具清单

序号	名称	规格	数量	序号	名称	规格	数量
1	高度游标卡尺	0~300 mm	1	9	游标卡尺	0~150 mm	1
2	外径千分尺	25~50 mm	1	10	直角尺	100 mm×63 mm	1
		50~75 mm	1	11	划针		1
		75~100 mm	1	12	样冲		1
3	万能角度尺	0°~320°	1	13	划规		1
4	深度游标卡尺	0~200 mm	1	14	手锤		1
5	刀口形直尺	125 mm	1	15	锯弓（带锯条若干）		1
6	钢直尺	0~150 mm	1	16	平錾、尖錾		各1
7	方锉	200 mm（2号纹）	1	17	锉刀刷		1
		150 mm（3号纹）	1	18	软钳口		1副
8	扁锉	250 mm（1号纹）	1	19	直柄麻花钻	ϕ3 mm、ϕ9.8 mm、ϕ12 mm	1
				20	什锦锉	12支/套	1
		250 mm（2号纹）	1	21	V形铁		1
		200 mm（4号纹）	1	22	铰刀	ϕ10H7	1

三、任务实施

凹形镶配体加工过程如表7-2所示。

表 7-2　凹形镶配体加工过程

序号	加工过程	目标要求	作业图
1	选定并修整垂直基准面，做基准标记； 　划线，确定加工余量	符合基准面要求。 线条清晰，各面均有加工余量	
2	粗、精锉外形尺寸	保证 $30_{-0.039}^{0}$ mm、$50_{-0.039}^{0}$ mm 对边尺寸；达到相关形位公差	
3	（1）用 $\phi 3$ mm 钻头钻排孔； 　（2）用錾子去除凹形部分余料（直边可用锯削锯开）	排孔合理，孔距均匀； 材料无变形，线条清晰，各边均要有锉削余量	
4	粗、精锉凹形部分	保证对称度要求；达到尺寸 $20_{0}^{+0.033}$ mm、$8_{0}^{+0.033}$ mm	

续表

序号	加工过程	目标要求	作业图
5	(1) 锯削法去除 V 形部分余料； (2) 粗锉 V 形至线条	保证有 0.3~0.5 mm 的锉削加工余量	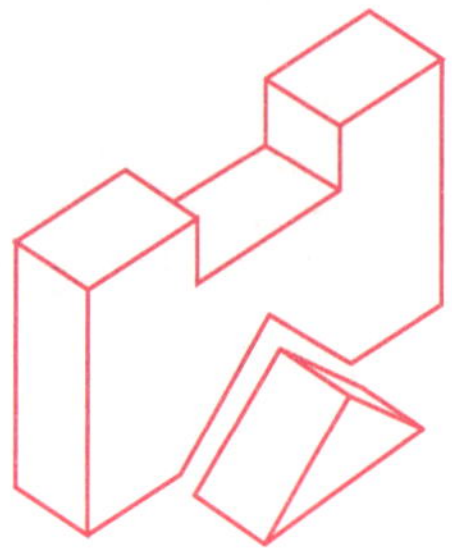
6	精锉 90°V 形	(1) 保证 $12_0^{+0.08}$ mm 尺寸； (2) 达到 V 形对称度要求； (3) V 形 90°角度合格	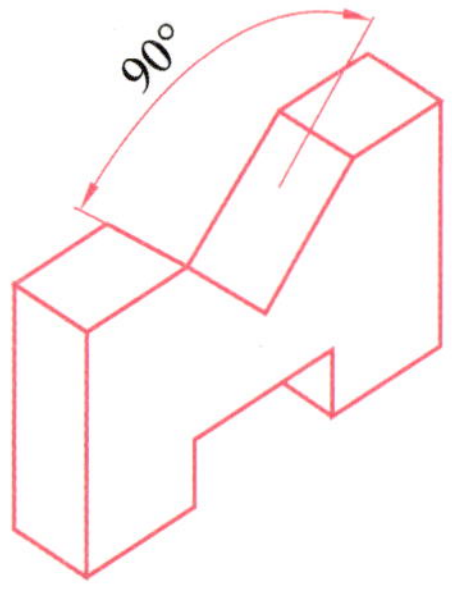
7	修整基准面；粗、精锉外形尺寸	保证外形尺寸（80±0.046）mm、(58±0.046) mm	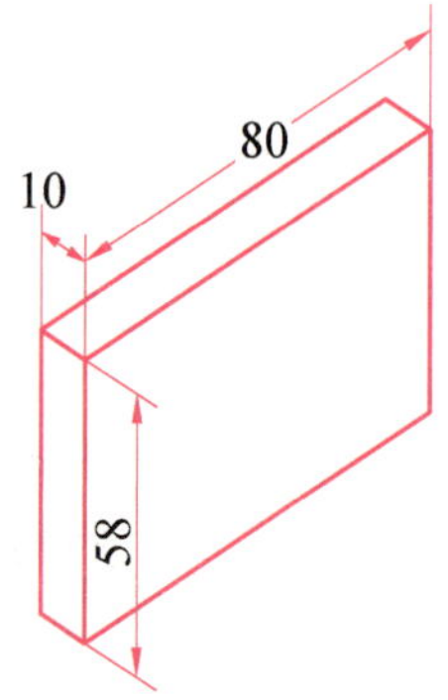
8	按图纸要求划线	线条清晰，加工轮廓正确	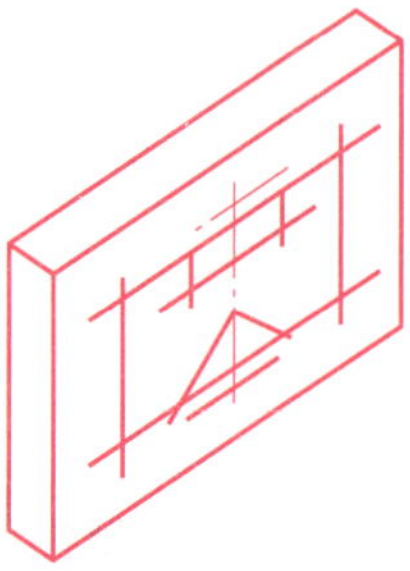
9	用 φ3 mm 钻头钻排孔；用 φ9.8 mm 钻头钻通孔；用 φ12 mm 钻头进行孔口倒角	保证两孔的位置精度；孔口倒角至要求；两孔留有 0.2 mm 的铰削余量	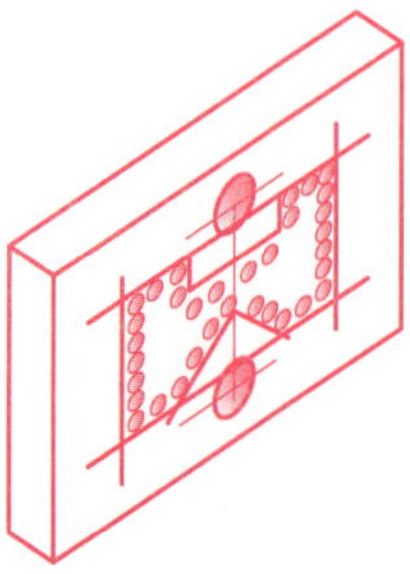

续表

序号	加工过程	目标要求	作业图
10	用錾子去除内腔余料；粗锉内腔各面至线条；用 ϕ10H7 铰刀铰孔加工（需再钻孔）	达到孔径 $\phi 10_{0}^{+0.02}$ mm 尺寸，表面 Ra1.6 μm 达标；内腔每个平面留 0.1~0.3 mm 的精锉余量	
11	精锉内腔一组直角面至要求；精锉内腔其他平面	保证（14±0.02）mm、15 mm 尺寸，间接保证内腔中心对称；其他各边留 0.02 mm ~ 0.05 mm 的锉配余量	
12	精锉内腔各面，同时用凸形件进行单向试配；修配相关平面，使凸形件翻转位配合	凸形件较紧塞入；逐步修配，能翻转配合	

四、任务评价

（1）工件质量检测评分如表 7-3 所示。

表 7-3 工件质量检测评分

序号	项目及要求	配分	检验结果	得分	备注
1	（80±0.046）mm	6			
2	（58±0.046）mm	6			
3	$30_{-0.039}^{0}$ mm（2 处）	8			
4	$50_{-0.039}^{0}$ mm	4			
5	$8_{0}^{+0.033}$ mm	4			
6	$12_{0}^{+0.08}$ mm	4			
7	（14±0.02）mm（2 处）	8			

续表

序号	项目及要求	配分	检验结果	得分	备注
8	$2\times\phi10_{0}^{+0.02}$ mm，$Ra1.6$ μm（2处）	8			
9	90°±4′	4			
10	(38±0.15) mm	2			
11	⌯ 0.2 A	6			
12	⊥ 0.02 B	4			
13	$Ra3.2$ μm（15处）	15			
14	配合互换间隙≤0.04 mm（11处）	11			
15	翻转互换	6			
16	锐边倒钝、孔口倒角	4			
17	安全文明生产	违反有关规定酌情扣5~10分			
	合计	100			
学生姓名		教师签字		日期	凹形件镶配体

(2) 小组学习活动评价如表7-4所示。

表7-4 小组学习活动评价

评价项目	评价内容及评价分值标准			自评	互评	教师评价	平均分
	优秀 16~20分	良好 13~15分	继续努力 12分以下				
分工合作	小组成员分工明确、任务分配合理	小组成员分工较明确，任务分配较合理	小组成员分工不明确，任务分配不合理				
知识掌握	概念准确，理解透彻，有自己的见解	不间断地讨论，各抒己见，思路基本清晰	讨论能够进行，但有间断，思路不清晰，对知识的理解有待进一步加强				
技能操作	能按技能目标要求规范完成每项操作任务	在教师或师傅进一步示范、指导下能完成操作任务	在教师或师傅的示范、指导下较吃力地完成每项操作任务				
总分							

五、任务小结

针对学生加工的情况进行讲评,对具有共性的问题进行分析讨论,展示优秀作品。要求学生在加工规范性上严格要求自己,遵守课堂纪律,安全文明生产。

综合实训八　四方镶配件的加工

一、任务分析

根据图8-1所示要求，使用各类相关工量刃具进行锉削、钻孔、攻螺纹等工作，完成凹、凸形件的加工，并且按照镶配件的配合要求检查和修正凹、凸形件的配合间隙，使其符合图样要求。

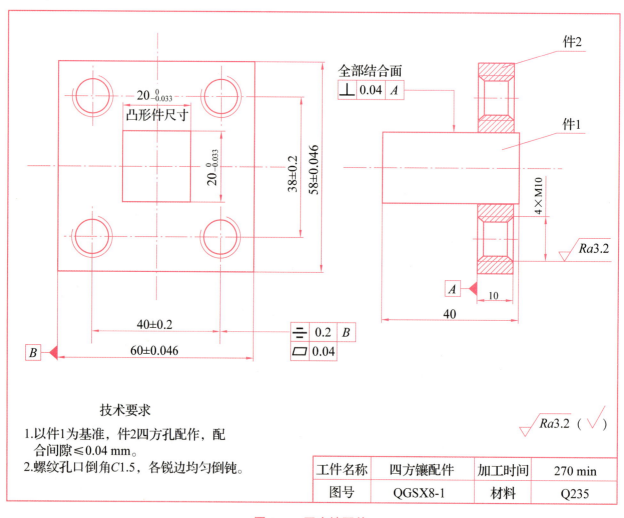

技术要求
1. 以件1为基准，件2四方孔配作，配合间隙≤0.04 mm。
2. 螺纹孔口倒角C1.5，各锐边均匀倒钝。

工件名称	四方镶配件	加工时间	270 min
图号	QGSX8-1	材料	Q235

图8-1　四方镶配件

考核要求：

四方镶配件的难点是四方体的尺寸精度控制以及四方孔的对称和内直角的加工，保证两配合件的互换及配合间隙，这是本任务的重点。

(1) $20_{-0.033}^{0}$ mm 是凸形件的外形尺寸，（60±0.046）mm、（58±0.046）mm 是凹形件的外形尺寸；

(2) （40±0.2）mm、（38±0.2）mm 是螺纹孔之间的距离，且 4 个螺纹孔均中心对称；

(3) 4×M10 是 4 个内螺纹孔，表面粗糙度为 $Ra3.2$ μm；

(4) 配合互换间隙≤0.04 mm 是指凹、凸形件配合时，凸形件的外形与凹形件的内腔配合时的缝隙要求。

四方体锉配中应注意尺寸和形位公差的控制，测量时平面度、垂直度和尺寸应同时测量，全面综合地分析，学会控制尺寸时考虑形位误差的修正。四方体锉配时各内平面应与大平面垂直，以防止配合后产生喇叭口；试配时，必须认真修配以达到配合精度要求；试配时不可以用手锤敲打，防止锉配面"咬毛"或将工件"敲伤"。

二、加工准备

工量刃具准备清单如表 8-1 所示。

表 8-1　工量刃具准备清单

序号	名称	规格	数量	序号	名称	规格	数量
1	高度游标卡尺	0~300 mm	1	9	游标卡尺	0~150 mm	1
2	外径千分尺	25~50 mm	1	10	直角尺	100 mm×63 mm	1
		50~75 mm	1	11	划针		1
		75~100 mm	1	12	样冲		1
3	万能角度尺	0°~320°	1	13	划规		1
4	深度游标卡尺	0~200 mm	1	14	手锤		1
5	刀口形直尺	125 mm	1	15	锯弓（带锯条若干）		1
6	钢直尺	0~150 mm	1	16	平錾、尖錾		各1
7	方锉	200 mm（2号纹）	1	17	锉刀刷		1
		150 mm（3号纹）	1	18	软钳口		1副
8	扁锉	250 mm（1号纹）	1	19	直柄麻花钻	φ3 mm、φ8.5 mm、φ12 mm	1
				20	什锦锉	12 支/套	1
		250 mm（2号纹）	1	21	V 形铁		1
		200 mm（4号纹）	1	22	设备	划线平板、方箱、钳工工作台、台虎钳、台式钻床、砂轮机	各1

三、任务实施

封闭式镶配件一般都以凸形件为基准件,凹形件为配作。本任务必须先加工四方体后再加工凹形件内腔。四方镶配件的加工过程如表 8-2 所示。

表 8-2 四方镶配件的加工过程

序号	加工过程	目标要求	作业图
1	选定并修整垂直基准面,做基准标记;划线,确定加工余量	符合基准面要求。线条清晰,各面均有加工余量	
2	粗、精锉第三面,达到一组对边尺寸	达到对边尺寸 $20_{-0.033}^{0}$ mm,达到图样要求的表面粗糙度	
3	粗、精锉第四面,达到另一组对边尺寸;锐边均匀倒钝	达到对边尺寸 $20_{-0.033}^{0}$ mm;达到表面粗糙度和垂直度的要求,均匀倒钝	
4	选定并修整垂直基准面,做基准标记;划线,确定加工余量	符合基准面要求。线条清晰,各面均有加工余量	
5	用 φ3 mm 钻头钻排孔;用錾子去除内腔余料	排孔合理,孔距均匀;材料无变形,线条清晰,各边均要有锉削余量	

续表

序号	加工过程	目标要求	作业图
6	粗锉内腔各面至线条；粗、精锉外形尺寸	内腔各边留 0.3~0.5 mm 锉削余量；保证外形尺寸（58±0.046）mm、（60±0.046）mm	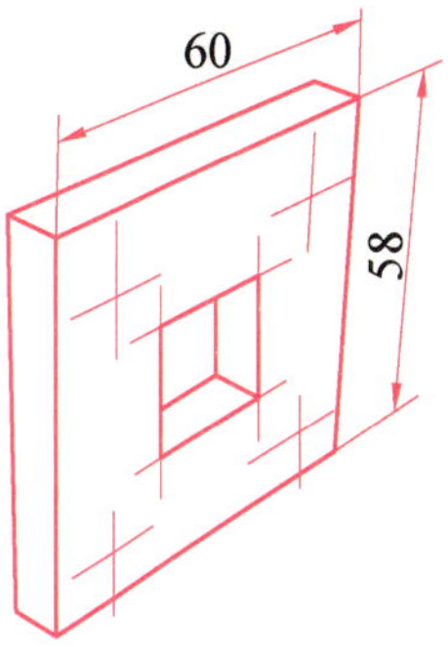
7	粗、精锉内腔一组直角面	保证内腔侧边与外形距离 19 mm、20 mm	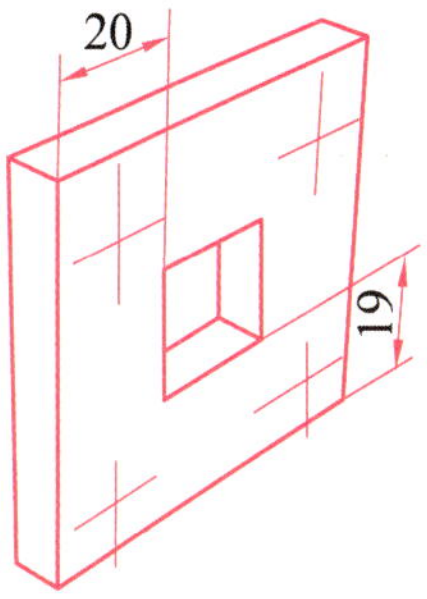
8	粗、精锉内腔另外两面，同时用凸形件进行单向试配；修配内腔各面，使四方体能转位配合	四方体较紧塞入；逐步修配，能转位配合	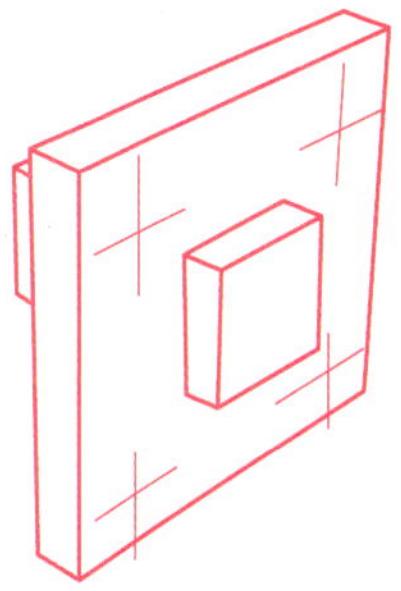
9	用 φ3 mm 钻头定心；用 φ8.5 mm 钻通孔；用 φ12 mm 钻孔进行孔口倒角	保证各孔的位置精度；孔口倒角至要求	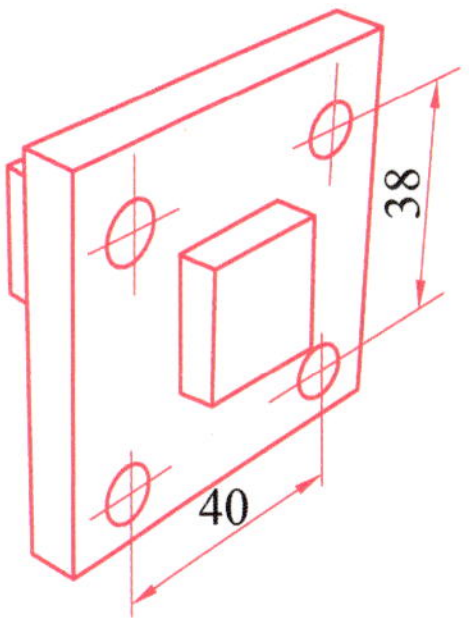
10	用 M10 丝锥攻螺纹。各锐边均匀倒钝、上油	螺纹符合要求；孔口无毛刺，锐边均匀倒钝	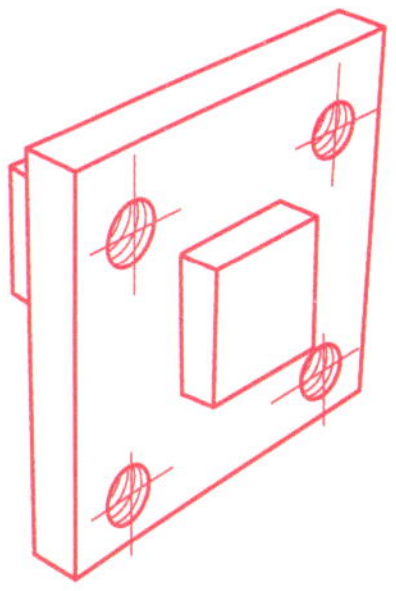

加工注意事项：

（1）划线时注意尺寸界线的偏移量，即外四方大于等于 25 mm，内四方小于等于 25 mm。

（2）扁锉和方锉均要有一个侧面进行过修磨，并保证与锉刀面小于等于 90°。

（3）注意及时进行测量，保证尺寸准确和对称度的准确性。

（4）锉配前应做好清角工作。试配时，不可用锤子敲击，防止锉配面"咬伤"或将件 2 表面敲坏。

四、任务评价

（1）工件质量检测评分如表 8-3 所示。

表 8-3　工件质量检测评分

序号	项目及要求	分数	评分标准	得分 自评	得分 互评	得分 师评
1	（60±0.046）mm	8				
2	（58±0.046）mm	8				
3	$20_{-0.033}^{0}$ mm（2 处）	14				
4	M10（4 处）	12				
5	（40±0.2）mm（2 处）	8				
6	（38±0.2）mm（2 处）	6				
7	═ 0.2 B	4				
8	⊥ 0.04 B	4				
9	▱ 0.04	4				
10	Ra3.2 μm（12 处）	12				
11	配合间隙≤0.04 mm（4 处）	16				
12	四方互换	4				
13	安全文明生产		违反有关规定酌情扣 5~10 分			
合计			100 分			
	学生姓名		教师签字	日期		四方镶配件

（2）小组学习活动评价如表8-4所示。

表8-4 小组学习活动评价表

评价项目	评价内容及评价分值标准			自评	互评	教师评价	平均分
	优秀 16~20分	良好 13~15分	继续努力 12分以下				
分工合作	小组成员分工明确、任务分配合理	小组成员分工较明确，任务分配较合理	小组成员分工不明确，任务分配不合理				
知识掌握	概念准确，理解透彻，有自己的见解	不间断地讨论，各抒己见，思路基本清晰	讨论能够进行，但有间断，思路不清晰，对知识的理解有待进一步加强				
技能操作	能按技能目标要求规范完成每项操作任务	在教师或师傅进一步示范、指导下能完成操作任务	在教师或师傅的示范、指导下较吃力地完成每项操作任务				
总分							

五、任务小结

针对学生加工的情况进行讲评，对具有共性的问题进行分析讨论，展示优秀作品。要求学生在加工规范性上严格要求自己，遵守课堂纪律，安全文明生产。

综合实训九　制作燕尾配合件

一、任务分析

如图 9-1 所示，要求使用手锯、锉刀、量具、刃具等进行加工，用 80 mm×70 mm×8 mm 的毛坯板料加工制作燕尾配合件，合理运用量具、工具检修各部分尺寸，达到图样要求。

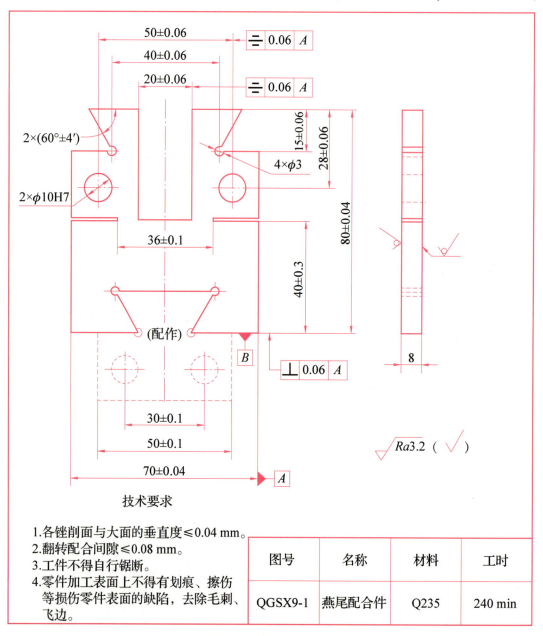

技术要求
1. 各锉削面与大面的垂直度≤0.04 mm。
2. 翻转配合间隙≤0.08 mm。
3. 工件不得自行锯断。
4. 零件加工表面上不得有划痕、擦伤等损伤零件表面的缺陷，去除毛刺、飞边。

图号	名称	材料	工时
QGSX9-1	燕尾配合件	Q235	240 min

图 9-1　燕尾配合件

考核要求：

由图 9-1 可知，该零件是燕尾配合件。首先要完成零件轮廓尺寸的加工；然后，进行划线、工艺孔、排孔的加工；接着进行 20 mm×40 mm 槽的加工；最后完成两个凸燕尾的加工，控制角度精度；燕尾槽部分的加工尺寸要配合凸燕尾尺寸，保证配合精度；铰孔时应注意孔距和表面粗糙度的控制；锯削加工时不能锯断，否则不得分。

（1）（70±0.04）mm、（80±0.04）mm 是外形尺寸。

（2）（20±0.06）mm 是槽宽尺寸。

（3）（40±0.06）mm 是两工艺孔的距离，（15±0.06）mm 是两燕尾的深度尺寸，（50±0.06）mm 是两个 φ10H7 孔的定位尺寸。

（4）（40±0.3）mm、（36±0.1）mm 是锯缝的尺寸。

（5）（30±0.1）mm、（50±0.1）mm 是配合件的尺寸。

二、加工准备

工量刃具清单如表 9-1 所示。

表 9-1 工量刃具清单

序号	名称	规格	数量	序号	名称	规格	数量
1	高度游标卡尺	0~300 mm	1	10	游标卡尺	0~150 mm	1
2	外径千分尺	25~50 mm	1	11	样冲		1
		50~75 mm	1	12	划针		1
3	万能角度尺	0°~320°	1	13	检测棒	φ10 mm	2
4	刀口形直尺	100 mm×63 mm	1	14	手锤		1
5	钢直尺	0~150 mm	1	15	锯弓（带锯条若干）		1
6	划规		1	16	锉刀刷		1
7	整形锉		1组	17	软钳口		1副
8	三角锉	150 mm（3号纹）	1	18	直柄麻花钻	φ3 mm、φ4 mm	1
9	扁锉	350 mm（1号纹）	1			φ9.8 mm	1
		250 mm（2号纹）	1			φ12 mm	1
				19	铰刀	φ10H7	1组
		150 mm（4号纹）	1	20	铰杠	M4~M12	1

三、任务实施

燕尾配合件的加工过程如表 9-2 所示。

表 9-2　燕尾配合件的加工过程

序号	加工过程	目标要求	作业图
1	备料，粗锉长方体	检测毛坯件质量；锉削加工基准面，只需要保证几何误差、表面粗糙度；划外形尺寸线	70 × 80，⊥ 0.06 A，基准 A、B
2	加工外形尺寸	精加工外形，控制尺寸 80 mm、70 mm，保证较高的几何精度、表面粗糙度	70±0.04，80±0.04，∥ 0.02 B，∥ 0.02 A，⊥ 0.02 A

续表

序号	加工过程	目标要求	作业图
3	划线	对照图形计算尺寸、划线，划完线后必须比对、复核	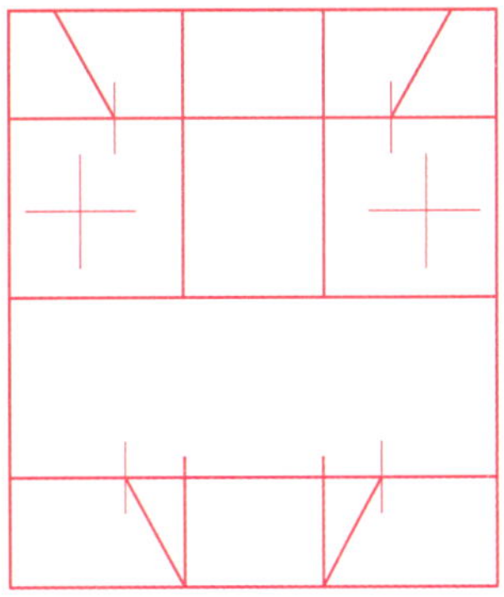 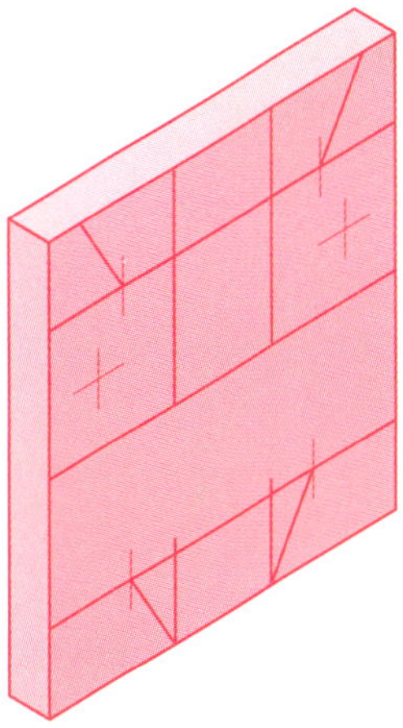
4	钻工艺孔、排孔	用 φ3 mm 麻花钻钻工艺孔，用 φ4 mm 麻花钻钻排孔，并对工艺孔倒角	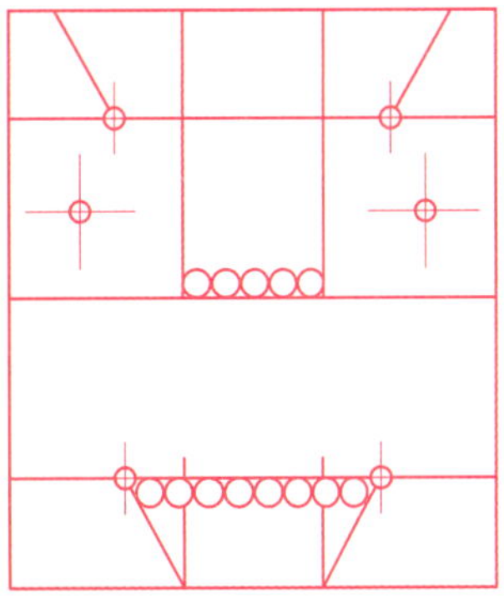 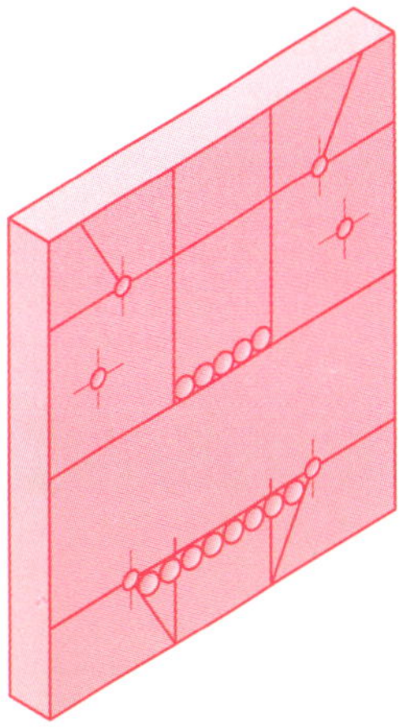

续表

序号	加工过程	目标要求	作业图
5	加工长方槽	利用锯削、錾削去除废料，先加工槽底尺寸（40±0.3）mm，然后再加工两侧尺寸（25±0.06）mm，保证中间尺寸（20±0.06）mm 中心对称	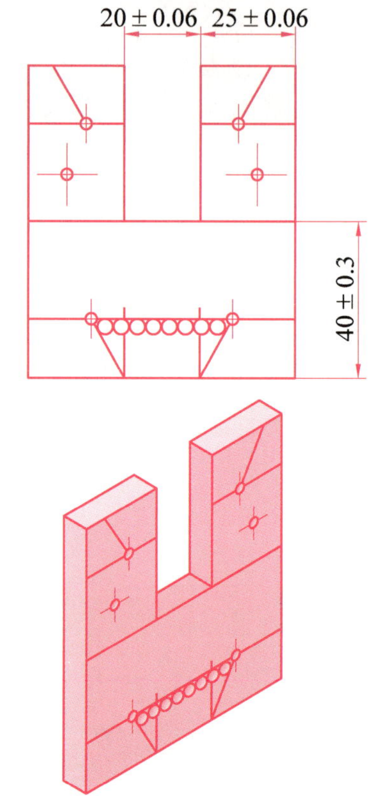
6	加工右侧凸燕尾	参照燕尾的加工方法，加工燕尾的右侧，使用万能角度尺检测角度，并用千分尺和检测棒保证尺寸 68.66 mm，严格控制 60°的角度误差； 同时检测燕尾高度值 15 mm。在检测 68.66 mm 的尺寸时，误差尽可能偏向正向，在公差内存有 0.01～0.02 mm 的余量（比如把尺寸做到 68.68 mm），用来复检时保留精修余量，同时要严格控制 60°的角度误差	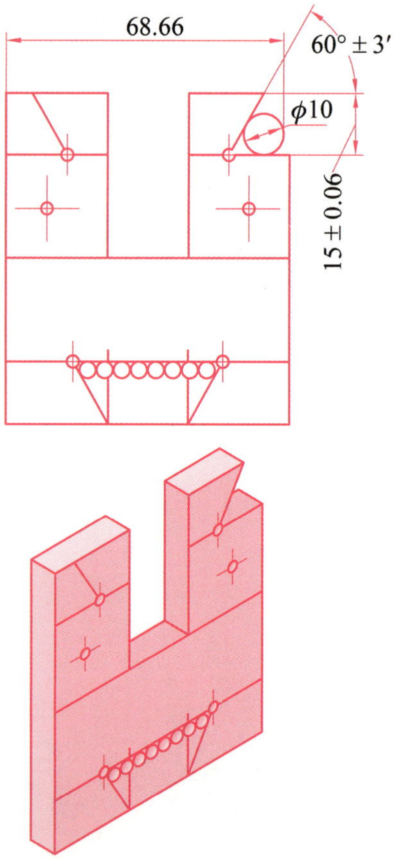

续表

序号	加工过程	目标要求	作业图
7	加工左侧凸燕尾	参照燕尾的加工方法，加工燕尾的左侧，保证尺寸 67.32 mm 和 15 mm，67.32 mm 的误差尽可能偏向正向，在公差内存有 0.01～0.02 mm 的余量（比如把尺寸做到 67.34 mm），用来复检精修时保证中心对称，同时也要严格控制 60°的角度误差	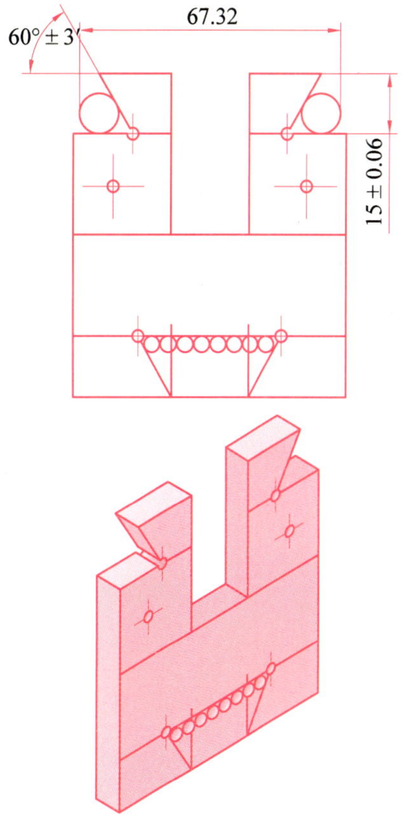
8	加工凹燕尾	先加工凹燕尾底部，保证深度尺寸合格，再加工两侧燕尾，保证尺寸 30 mm，在公差内存有 0.01～0.02 mm 的余量（比如把尺寸做在 30.02 mm），用来复检精修时保证两 60°角度误差和中心对称	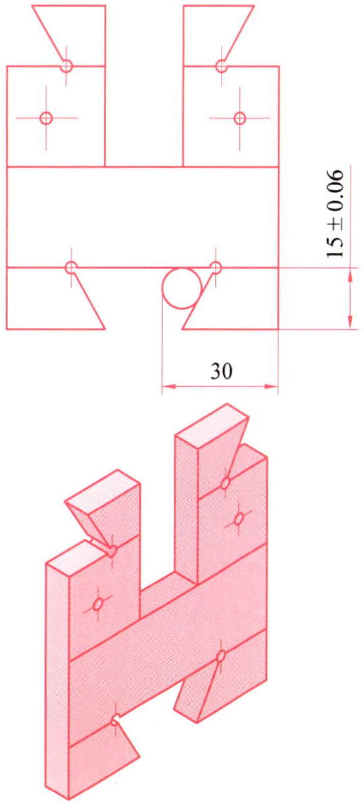

续表

序号	加工过程	目标要求	作业图
9	扩孔、倒角、铰孔，加工两个 ϕ10H7 的孔	选择合适的工具进行孔加工，保证同轴度	
10	锯削加工	锯削加工；保证尺寸（36±0.1）mm 符合要求；检修各部分尺寸，倒角、去毛刺	

四、任务评价

（1）工件质量检测评分如表9-3所示。

表9-3 工件质量检测评分表

序号	项目及要求		分数	评分标准	得分		
					自评	互评	师评
1	锉削	（80±0.04）mm	6	超差不得分			
2		（70±0.04）mm	6	超差不得分			
3		（20±0.06）mm	6	螺纹规			
4		（40±0.06）mm	4	超差不得分			
5		（15±0.06）mm（2处）	6	超差不得分			
6		60°±4′（2处）	6	超差不得分			
7		Ra3.2 μm（14处）	14	酌情扣分			
8		═ 0.06 A（2处）	6	超差不得分			
9	铰孔	（50±0.06）mm	4	超差不得分			
10		（28±0.06）mm（2处）	4	超差不得分			
11		⊥ 0.06 A	4	超差不得分			
12		ϕ10H7（2处）	4	超差不得分			
13	锯削	（36±0.1）mm	4	超差不得分			
14		（40±0.3）mm	4				
15	配合	配合间隙≤0.08 mm（7处）	7	超差不得分			
16		（30±0.1）mm	3				
17		（50±0.1）mm	3	超差不得分			
18		配合间隙≤0.08 mm（7处）	7	超差不得分			
19	其他	锐边倒钝、孔口倒角	2	超差不得分			
20		安全文明生产		违反有关规定酌情扣5~10分			
总分			100				
教师评价							
	学生姓名			教师签字	日期	燕尾配合件	

(2) 小组学习活动评价如表 9-4 所示。

表 9-4 小组学习活动评价

评价项目	评价内容及评价分值标准			自评	互评	教师评价	平均分
	优秀 16~20 分	良好 13~15 分	继续努力 12 分以下				
分工合作	小组成员分工明确、任务分配合理	小组成员分工较明确，任务分配较合理	小组成员分工不明确，任务分配不合理				
知识掌握	概念准确，理解透彻，有自己的见解	不间断地讨论，各抒己见，思路基本清晰	讨论能够进行，但有间断，思路不清晰，对知识的理解有待进一步加强				
技能操作	能按技能目标要求规范完成每项操作任务	在教师或师傅进一步示范、指导下能完成操作任务	在教师或师傅的示范、指导下较吃力地完成每项操作任务				
总分							

五、任务小结

针对学生加工的情况进行讲评，对具有共性的问题进行分析讨论，展示优秀作品。要求学生在加工规范性上严格要求自己，遵守课堂纪律，安全文明生产。

综合实训十　V形圆弧镶配件

一、任务分析

如图 10-1 所示，使用各类工量刃具进行锉削、锯削、钻孔、铰孔等工作，完成 V 形圆弧镶配件的加工。相比前面的练习，本任务增加了圆弧的锉削与配合，并达到相关技术要求。

考核要求：

（1）（80±0.046）mm，（58±0.046）mm 是件 2 的外形尺寸，相邻面的垂直度为 0.02 mm。

（2）$50_{-0.039}^{0}$ mm 是件 1 的外形尺寸，$R12_{-0.06}^{0}$ mm 是圆弧尺寸，$16_{-0.02}^{0}$ mm 是中间长方体的宽度，关于中心的对称度为 0.04 mm。

（3）（12±0.15）mm，（58±0.15）mm 是孔的定位尺寸。

（4）40.39 mm 是配合后两孔的孔距。内腔与基准面 B 的尺寸为 15 mm，左右对称。

（5）平面配合互换间隙≤0.04 mm，曲面配合间隙≤0.08 mm。

本次任务是镶配件加工，V 形圆弧镶配件的加工重点在于凸形件加工。凸形件由凸形圆弧和 V 形组成，加工时要特别注意圆弧的精度和 V 形对称度，它是保证凸形件对称度的基础；凹形件加工时排料比较困难，通过排孔法去料，钻削排孔精度较高。

1. 凸形件加工

首先可以按照划线去除圆弧部位的余料，根据孔壁锉削圆弧，用 R 规测量，确保达到相关精度要求；再去除 V 形部位余料，经多次修整，用百分表测量对称度，用万能角度尺测量角度，保证凸形件的对称度和各项尺寸。

2. 凹形件加工

按照划线用排孔法去除内腔余料，但因为是封闭式加工件，图形复杂，排孔完成后錾削时，如果排孔质量不高，很难去除余料，所以要求排孔时要特别仔细，可以先划线，用样冲定点后再进行排孔。然后利用锉削法和试配法完成凹形件的加工。最后完成两个标准孔的加工。

二、加工准备

工量刃具清单如表 10-1 所示。

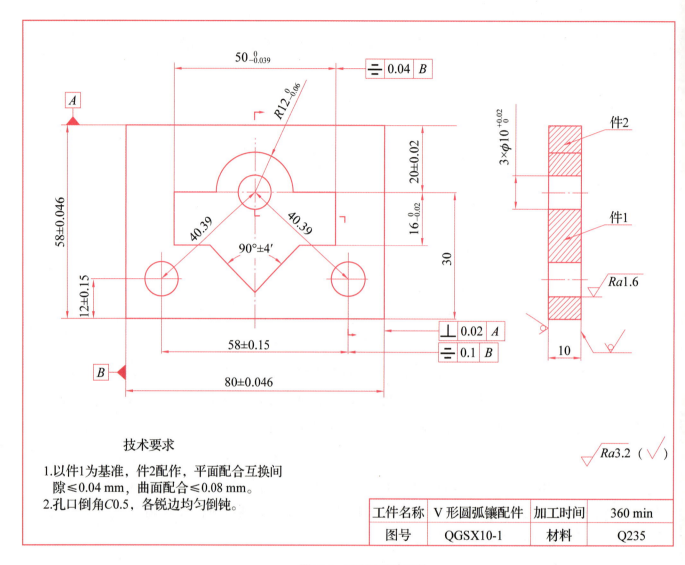

图10-1 V形圆弧镶配件

表 10-1　工具刃具清单

序号	名称	规格	数量	序号	名称	规格	数量
1	高度游标卡尺	0~300 mm	1	12	游标卡尺	0~150 mm	1
2	外径千分尺	25~50 mm	1	13	样冲		1
		50~75 mm	1	14	划针		1
		75~100 mm	1	15	检测棒	ϕ10 mm	2
3	万能角度尺	0°~320°	1	16	手锤		1
4	刀口形直尺	100 mm×63 mm	1	17	锯弓（带锯条若干）		1
5	钢直尺	0~150 mm	1	18	塞尺	0.02~1 mm	1
6	R 规	R7.5~R14 mm	1	19	塞规	ϕ10h7	1
7	划规		1	20	锉刀刷		1
8	整形锉		1组	21	软钳口		1 副
9	三角锉	150 mm（3 号纹）	1	22	直柄麻花钻	ϕ3 mm	1
10	扁锉	350 mm（1 号纹）	1			ϕ9.8 mm	1
		250 mm（2 号纹）	1			ϕ12 mm	1
				23	铰刀	ϕ10H7	1组
		150 mm（4 号纹）	1	24	铰杠	M4~M12	1
11	防护眼镜		1	25	计算器	函数	1

三、任务实施

配件一般都以凸形件为基准件，凹形件配作。本任务必须先加工凸形件，再用加工好的凸形件去试配凹形件内腔。V 形圆弧镶配件的加工过程如表 10-2 所示。

表 10-2　V 形圆弧镶配件的加工过程

序号	加工过程	目标要求	作业图
1	（1）修整垂直基准面； （2）划线，粗锉外形	符合基准面要求； 两对边留 0.2~0.5 mm 精锉余量	

续表

序号	加工过程	目标要求	作业图
2	（1）按图纸划线； （2）确定加工轮廓	线条清晰；加工轮廓正确	
3	（1）用 φ3 mm 钻头钻排孔； （2）用錾子去除圆弧部分余料（直边可用锯削锯去）。 （3）粗锉两肩台	排孔合理，孔距均匀；两肩台留 0.2~0.5 mm 精锉余量	
4	（1）用 φ9.8 mm 钻头钻通孔，孔口两面倒角； （2）以内孔为基准，粗、精锉圆弧	孔留 0.2 mm 的铰削余量；圆弧 $R12$ mm 符合要求	
5	（1）用铰刀铰孔； （2）精锉两肩台及对边尺寸	孔径达到 $\phi 10^{+0.02}_{0}$ mm 要求；保证两肩台等高；保证 $50^{0}_{-0.039}$ mm 对边尺寸合格	
6	（1）锯去 V 形角两侧余料； （2）粗、精锉 90°凸 V 形	保证 $16^{0}_{-0.02}$ mm 尺寸，使两肩台等高；保证 90°尖角合格；符合对称度要求	
7	（1）修整基准面； （2）粗、精锉外形尺寸	保证外形尺寸（80±0.046）mm、（58±0.046）mm	

续表

序号	加工过程	目标要求	作业图
8	（1）按图纸要求划线； （2）用 φ3 mm 钻头钻排孔	线条清晰，加工轮廓正确；排孔合理，孔距均匀	
9	（1）錾去内腔余料； （2）粗锉内腔各面至线条； （3）钻通孔，倒角； （4）用铰刀铰孔	各面留 0.1~0.3 mm 精锉余量。保证孔距，两孔留有 0.2 mm 的铰削余量；孔径达到 $\phi 10^{+0.02}_{0}$ mm 要求	
10	（1）根据外基准面，精锉内腔一组直角面至要求； （2）精锉内腔其他平面	保证（20±0.02）mm 尺寸，使两内肩台等高；保证 15 mm，间接保证内腔中心对称；其他各边留 0.02~0.05 mm 的锉配余量	
11	（1）精锉内腔各面，同时用凸形件进行单向试配； （2）微量修整相关平面，使凸形件翻转位配合	凸形件较紧塞入；逐步修配，能翻转配合	

续表

序号	加工过程	目标要求	作业图
12	（1）修整外形，复检全部尺寸； （2）将各锐边均匀倒钝 （3）打上工号，上油	锉纹整齐；孔口无毛刺，锐边均匀倒钝	

四、任务评价

（1）工件质量检测评分如表10-3所示。

表10-3 工件质量检测评分

序号	项目及要求	分数	评分标准	得分 自评	得分 互评	得分 师评
1	（80±0.046）mm	24	超差不得分			
2	（58±0.046）mm	15	超差不得分			
3	$50_{-0.039}^{0}$ mm	9	螺纹规			
4	（20±0.02）mm（2处）	18	超差不得分			
5	$16_{-0.02}^{0}$ mm（2处）	12	超差不得分			
6	90°±4′	12	超差不得分			
7	$R12_{-0.06}^{0}$ mm	10	酌情扣分			
8	$3×\phi10_{0}^{+0.02}$ mm	6	超差不得分			
9	（58±0.15）mm	2	超差不得分			
10	40.39 mm（2处）	4	超差不得分			
11	（12±0.15）mm（2处）	2	超差不得分			
12	⊥ 0.02 A	2	超差不得分			
13	= 0.1 B	2	超差不得分			
14	= 0.04 B	6	超差不得分			
15	Ra1.6 μm（3处）	3	超差不得分			
16	Ra3.2 μm（13处）	13	超差不得分			

续表

序号	项目及要求	分数	评分标准	得分 自评	得分 互评	得分 师评
17	平面间隙≤0.04 mm（8处）	16	超差不得分			
18	曲面间隙≤0.08 mm	4	超差不得分			
19	翻转互换	4	超差不得分			
20	锐边倒钝、孔口倒角	2	超差不得分			
21	安全文明生产		违反有关规定酌情扣5~10分			
	总分	100				
教师评价						
	学生姓名		教师签字	日期		V形圆弧镶配件

（2）小组学习活动评价如表10-4所示。

表10-4 小组学习活动评价

评价项目	评价内容及评价分值标准 优秀 16~20分	评价内容及评价分值标准 良好 13~15分	评价内容及评价分值标准 继续努力 12分以下	自评	互评	教师评价	平均分
分工合作	小组成员分工明确、任务分配合理	小组成员分工较明确，任务分配较合理	小组成员分工不明确，任务分配不合理				
知识掌握	概念准确，理解透彻，有自己的见解	不间断地讨论，各抒己见，思路基本清晰	讨论能够进行，但有间断，思路不清晰，对知识的理解有待进一步加强				
技能操作	能按技能目标要求规范完成每项操作任务	在教师或师傅进一步示范、指导下能完成操作任务	在教师或师傅的示范、指导下较吃力地完成每项操作任务				
总分							

五、任务小结

针对学生加工的情况进行讲评，对具有共性的问题进行分析讨论，展示优秀作品。要求学生在加工规范性上严格要求自己，遵守课堂纪律，安全文明生产。

参 考 文 献

[1] 车君华，李培积. 钳工加工技术项目化教程［M］. 2 版. 北京：北京理工大学出版社，2021.

[2] 赵孔祥，王宏钳. 工艺与技能训练［M］. 南京：江苏教育出版社，2010.

[3] 闻健萍，厉萍. 金属加工与实训：钳工实训［M］. 3 版. 北京：高等教育出版社，2023.

[4] 徐斌. 钳工工艺与实训［M］. 2 版. 北京：高等教育出版社，2021.

[5] 崔兆华. 钳工工艺与技能训练［M］. 上海：华东师范大学出版社，2020.